自然珍藏系列

台灣特色野花圖鑑
全新美耐版

陳逸忠◎著

貓頭鷹

台灣特色野花圖鑑

作者　陳逸忠
企畫主編　陳穎青
責任編輯　陳妍妏
協力編輯　莊雪珠
美術編輯　張曉君
封面設計　張曉君
行銷業務部　林欣儀、吳宜臻、鍾欣怡
總編輯　謝宜英
社長　陳穎青
出版者　貓頭鷹出版
發行人　涂玉雲
發行　英屬蓋曼群島商家庭傳媒股份有限公司城邦分公司
104台北市民生東路二段141號11樓
劃撥帳號：19863813；戶名：書虫股份有限公司
城邦讀書花園www.cite.com.tw／購書服務信箱：service@readingclub.com.tw
購書服務專線：02-25007718～1
（週一至週五上午09:30-12:00；下午13:30-17:00）
24小時傳真專線：02-25001990；25001991
香港發行所　城邦（香港）出版集團／電話：852-25086231／傳真：852-25789337
馬新發行所　城邦（馬新）出版集團／電話：603-90563833／傳真：603-90562833
印製廠　成陽彩色製版印刷股份有限公司
初版　99年3月
定價　新台幣550元／港幣183元／ISBN　978-986-2620-23-6
有著作權‧侵害必究

讀者意見信箱　owl @cph.com.tw
貓頭鷹知識網　http://www.owls.tw
歡迎上網訂購；大量團購請洽專線(02)2500-7696轉2729

全新美耐版
吳氏總經銷

城邦讀書花園
www.cite.com.tw

國家圖書館出版品預行編目資料

台灣特色野花圖鑑／陳逸忠著 著
-- 初版. -- 臺北市：貓頭鷹出版：家庭傳媒城邦分公司發行, 民99.03
面；　公分. --（自然珍藏系列）
含索引
ISBN 978-986-262-023-6（平裝）
1. 花卉　2. 青草藥　3. 植物圖鑑　4. 臺灣
435.4025　　　　　　　　　　　　　　99003264

目次

作者序

活生生的紙上標本，辛苦與快樂的結晶

因著植物走到野地去，在野地裡總是為某處正綻放的不起眼小花，或是樹上冒出了嫩綠的新芽，或是瞥見惹紅的果實，而讓每次的探查採集充滿了驚豔與感動。

真正認識植物，是在我上大學後。因為所學有良師益友而得以請益，加上學生時代不斷有機會到野外做生態調查，讓我一頭栽進台灣植物及生態研究之門。畢業後進入中央研究院植物所標本館工作，以及後來輾轉成立的生態資訊公司，都讓我有機會腳踏台灣的土地，探訪各地生態。台灣的植物生態就是在這樣的情況下，一點一滴慢慢累積，成為自己不論何時何地都依戀關心的事物。

現在的人要辨認植物，隨手就可取得許多植物圖鑑相關書籍。可惜的是，目前這些書籍幾乎都是以生態照呈現為主，而筆者認為，生態照有時無法將植物型態上的特性差異描述清楚，碰到差異相近的種類，比較難以辨別。

因此這本圖鑑就以植物去背方式呈現，期盼喜愛花花草草的讀者有機會在印刷的書籍上，一窺植物清楚的面貌，更期待有興趣進一步認識植物的人，能有查詢活生生標本的感受。本書收錄了303種植物，過程漫長而艱辛。一方面是自己求好心切，二方面還要感謝出版社主編的高標準要求，雖然耗時費工，但這一切過程卻成了我甜美豐厚的生命經驗。

本書的完成要感謝過去曾經教導我的老師及學長、姐，以及許多陪伴我在野外成長的朋友，還有一直支持鼓勵我不斷學習的父母，當然還有出版社辛苦的編輯群們。最重要的要感謝長年陪伴我在野外、忍受刮風雨淋，又是最棒的助手──我的愛妻。最後，希望這本書對於喜歡自然、熱愛植物的朋友，能真的有所幫助。

作者 陳逸忠

台灣植物分布概說

台灣的維管束植物約有4,000多種,四分之一以上的種類為台灣本地特有種,顯見台灣具有極高的生物多樣性。至於引進的外來植物約有2,600種以上,其中十分之一的物種已經野化成歸化種,能在台灣的自然環境中繁衍生存。以面積來說,台灣可以算是一個物種非常豐富的地方了。

植群帶分布

台灣位處中、低緯度,地跨熱帶及亞熱帶範圍,兼具錯綜複雜的地形,海拔高度落差達4,000公尺,形成極為複雜的自然生態環境;加上又受到四周海洋的調節,隨著溫度及海拔高度,呈現不同的植群帶分布。

台灣大學森林系蘇鴻傑教授以溫度梯度為基礎,從低海拔到高海拔將台灣分為六個植群帶,包括高山植群帶、冷杉林帶、鐵杉雲杉林帶、櫟林帶、楠櫧林帶與榕楠林帶等。不同的生育環境,所孕育出的植物隨之不同,各種不同的植群帶各有不同的代表性植物,例如高山

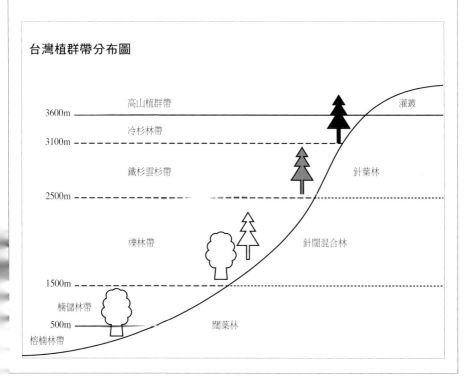

台灣植群帶分布圖

台北菫菜，台灣特有種，分布於低海拔林緣、岩石間隙及開闊草原。

自然環境中繁衍生存。以台灣的面積跟植物的豐富度來跟其他地區做比較，台灣可以算是一個物種非常豐富的地方了。

植群帶的柏屬及杜鵑屬植物、冷杉林帶的冷杉、鐵杉雲杉林帶的鐵杉和雲杉、櫟林帶的殼斗科植物、楠櫧林帶的樟科植物及榕楠林帶的桑科植物，都是各林帶的優勢種類。

　　另外蘇教授還以雨量及地區性及季節性的變異為原則，將整個台灣分為七個主要地理氣候分區，包括東北區、蘭嶼區、東部區、西北區、中西區、西南區、東南區等，各地區的植物組成及優勢植物也各不相同。研究顯示，各地區的植物組成，除了人為因素造成的分布之外，最主要還是受到溫度、雨量、地形、方位、海拔高度等環境因子的影響。

台灣植物的高度多樣性

　　根據最新的調查資料顯示，台灣的維管束植物約有4,000多種，四分之一以上的種類為台灣本地特有種，顯見台灣具有極高的生物多樣性，而台灣從有資料記載到最近的調查顯示，引進的外來植物約有2,600種以上，其中十分之一的物種已經野化成為歸化種，能在台灣的

台灣野生蘭：大花羊耳蒜，廣泛分布在台灣低海拔山區。

如何學會辨識植物

要學習植物辨識，有些小小的方法提供給大家參考，這是經驗談，可以讓大家更樂在其中的學習喔！

走出戶外，多接觸

這是認識植物最直接、也是最重要的方式，生活中常見的開花野草，因為我們常去接觸，對她們會非常熟悉。許多辨識植物的高手，多半是因為常常在野外賞花賞草，而學會如何辨認各個物種。還有一個不錯的方式，就是由植物解說員帶領你，直接到野外講解學習，或者你也可以隨身帶著植物圖鑑到鄰近野地、步道去對照觀察，更也抽空參加生態旅遊、植物研習營等等，這些方法對於提高你辨識植物的程度都有很好的效果，而且也能藉由實際接觸到植物，更貼近地觀察植物而增加辨識成效。光是從書本上學習，無異是紙上談兵，誤判的機率就相當高了。至於接觸的地區可以先從住家附近開始，再慢慢擴及到周圍的自然環境。

夏枯草具有唇形科的主要特徵：唇形花、葉對生、莖四稜。

查閱參考書籍及網路資源

坊間有許多各式各樣的植物分類學書籍或圖鑑，這些都可成為認識植物的良好工具。分類學原理可以幫我們認識植物的分類，包括其發展史、分類各階層的觀念——界、門、綱、目、科、屬、種，還有植物的命名原則及植物的各分類系統，而圖鑑則是實體對照的好幫手，只要圖鑑的照片拍攝品質夠好、不失真，那麼對於協助鑑定植物會非常有用。

網路上也有許多資源可供利用，例如 Flora of Taiwan、台灣維管束植物簡誌、台灣樹木解說、塔山自然實驗室、台北植物園植物資料庫等，都是專家學者撰寫的網路

圓葉雞屎樹，因葉子搓揉後有雞屎臭味而得名。

分類文章，值得參考。

標本館的妙用

植物標本館是學習植物分類不可或缺的單位，歷年不斷增加貯存的標本，已成為各地植物分類學者便利查詢及研究植物的地方。

國外比較著名的植物園幾乎都有附設標本館，包括英國 KEW 植物園標本館、美國密蘇里植物園標本館、紐約植物園標本館等等，都是享譽國際的大標本館。

國內比較具規模的標本館，則包括中央研究院植物研究所標本館、台大植物系標本館、台灣省林業試驗所標本館等，這些都是查閱植物、對照標本的好地方，而且目前各大標本館都在進行數位化工程，以後都可直接在網路上查詢標本，對於植物的研究有莫大幫助。

請教箇中高手

要找植物分類高手並不難，台灣植物誌（FLORA OF TAIWAN）或植物圖鑑的作者，都是你很好的諮詢資源。許多大專院校中的植物相關科系，教授植物分類的老師也是你求教的對象。除此之外，還也可透過縣市政府或民間團體所舉辦的自然環境教育等活動，來認識其中的解說高手，相信他們大部分都會很樂意為你解答疑問。

發現植物特色

歸類於同一科或同一屬的植物，一定是在型態上有相同點或區別點。當你開始學習辨識植物時，建議你可從「科」開始，再逐漸細分到屬、種，所以每科的特徵都要記得清楚。一般植物光是憑葉子就要區分出隸屬於哪一科，通常都不太容易，但是有許多科的植物，單單從花的外形就能猜出為該科的植物，例如豆科、菊科、薔薇科、木蘭科、唇形科、蘭科等等。有些科的科特徵很容易觀察，例如蓼科都有托葉鞘；唇形科除了唇形花之外，該科的植物還有葉對生、莖四稜等特徵。這些鑑定特徵，都可幫助我們在野外直接判斷是屬於哪科

植物。除了掌握上述特徵之外，一般初學者要辨識植物，更要學會一些特殊方法，包括用手觸摸葉面及莖幹，去感受其材質；或揉捻葉片，用鼻子聞聞汁液的味道，這些也是植物的特色。但要注意的是，有些植物具有毒性，或者汁液、花粉、苞子容易引發過敏反應，所以在還沒有確認是哪種植物之前，用手觸摸後，最好用清水洗手，以免造成不必要的麻煩。下次有空到野外，不妨試試自己的功力。

認識野地的家

　　每種植物生長的小環境各不相同，而且都各有所好。例如菊科植物大都生長在開闊地、蕁麻科植物偏愛陰濕環境、龍膽科植物則喜生長在海拔較高的地區、菫菜屬植物多出現在田野的林子邊緣……。多數的植物圖鑑，都會連帶介紹植物的生育環境，我們在辨認植物時，應該將其列入參考條件。

　　就整個台灣大環境來說，各個植群帶及各個氣候區都有各具特色的植物社會組成，如果我們在學習植物分類的同時，也能配合海拔植群帶及地理區系來學習，漸漸就能建立起台灣的植物地理觀念，對於日後要再進一步進入世界性的植物分類時，會有相當大的幫助。

毛茛科的威靈仙生長在全島中低海拔山區、海邊等向陽林緣處和開闊地。

植物的形態特徵

熟悉植物的各種形態特徵，是認識植物最基本的功夫，植物圖鑑或分類書籍都是以這些專有名詞來描述植物。有心學習植物分類，就應該要熟習。以下根據根、莖、葉、花、果來分述介紹。

根的形態

依照發育形態來分，可將根分成「定根」和「不定根」。所謂定根，是指從種子的胚根發育而來的根；而不定根，是指從植物的葉或莖上面長出來的根。定根又可分為鬚根系和軸根系：鬚根系的主根不發達或無，從莖的基部長出來的根系，大小粗細都相當，稱為「鬚根系」，例如禾本科、棕櫚科及露兜樹科等植物的根系，都屬於鬚根系；軸根系則有明顯的主根，再從主根分生出許多的側根，例如木本植物的根及大多數雙子葉植物的根，都屬於軸根系。

菊科假吐金菊的根屬於鬚根。

莖的形態

莖是植物的主幹，具有支撐植物體、運輸水分和養分及生長的功能，依照莖生長的狀態，可將莖分成以下幾種形式：

- 直立莖：是指莖的生長方向大略與地面垂直者，例如爵床（見51頁）。
- 斜倚莖：莖的基部斜倚在地上者，例如馬齒莧（見188頁）。
- 平臥莖：莖平臥在地上，節的地方不產生不定根，例如酢漿草（見178頁）。

- 匍匐莖：莖平臥在地上，節處產生不定根，又稱為走莖，例如矮筋骨草（見135頁）。
- 攀緣莖：莖上節的地方長出卷鬚或小根，捲附在其他東西上者，例如三角葉西番蓮（見180頁）。
- 纏繞莖：莖靠著螺旋纏繞於他物而向上攀爬，纏繞的方向分左旋和右旋，例如菟絲子（見113頁）。
- 根莖：莖像根一樣在地表下橫走，具有芽跟節間，例如野薑花（見47頁）。

葉的形態

葉是重要的營養器官，大都具有葉綠素，能夠行光合作用製造養分並產生氧氣。依照一根葉柄有多少片葉子，而分成單葉或複葉。

- 單葉：一根葉柄只長一片葉子，稱為單葉，例如珍珠蓮（見169頁）、火炭母草（見184頁）。
- 複葉：一根葉柄長出多片葉子，稱為複葉，又分為掌狀複葉和羽狀複葉。掌狀複葉的葉片在葉柄的頂端呈手掌狀排列，例如紫花酢漿草（見177頁）。羽狀複葉的小葉像羽毛一樣排列在葉柄的兩側，又可分為一回羽

單葉：台灣山桂花。

狀複葉及二回羽狀複葉，例如刺莓（見202頁）、穗木花藍（見153頁）。

葉序的形態

葉序是指葉子著生在莖上或在枝條上的排列順序，大略可以分成以下幾種排列方式。

- 互生：同一個節上只長一片葉子，例如石板菜（見118頁）、山葡萄（見250頁）。
- 對生：同一個節上有兩片葉子，且上下葉子都在同一列。例如糯米團（見235頁）、大安水蓑衣（見50頁）。
- 十字對生：同一個節上有兩片葉子，但是上下葉子彼此呈直角，例如龍船花（見243頁）、台灣馬藍（見54頁）。
- 輪生：同一個節上有三片或三片以上的葉子，例如野甘草（見218頁）。
- 叢生：多數的葉子長在一起，呈叢狀，例如劍葉菫菜（見247頁）。

葉的形狀

葉形是指葉片的輪廓，可以作為分類時的簡單依據。當我們看到某株植物時，不見得正巧碰到開花，這時就要依據葉子來辨認。

- 針形：葉片細長，葉尖如針。
- 線形：葉片狹長，兩緣幾乎平行，寬度極小，例如細葉蘭花參（見79頁）、繖花龍吐珠（見205頁）。
- 披針形：葉片在接近葉柄的地方較寬，向葉尖兩緣漸狹，例如齒果草（見183頁）、密花苧麻（見233頁）。

- 倒披針形：形狀和披針形剛好相反，例如鼠麴舅（見101頁）、台灣馬醉木（見125頁）、蟛蜞菊（見111頁）。
- 橢圓形：線形的葉片中間變寬胖，例如夏枯草（見142頁）。
- 長橢圓形：線形的葉片全面都變成寬胖，兩緣幾乎平行，例如散血草、四時春。
- 卵形：葉片如雞蛋般的形狀，基部較寬，尖端較狹，例如龍葵（見225頁）。
- 倒卵形：形狀跟卵形剛好相反，例如土人參（見190頁）、小葉冷水麻（見236頁）。
- 心形：葉基部寬圓且凹陷，形狀如圖畫的心形，例如山葡萄（見250頁）。

常見的基本葉形	葉緣類型
線形	全緣
披針形	波狀
橢圓形	鈍齒狀
卵形	鋸齒狀
倒卵形	細鋸齒狀
心形	缺刻狀
倒心形	緣毛狀（邊緣有細毛）
腎形	齒狀
圓形	淺裂狀
劍形	深裂狀

- 倒心形：形狀跟心形剛好相反，例如紫花酢漿草（見177頁）。
- 腎形：葉片形狀如腎臟模樣，例如菁芳草（見84頁）。
- 圓形：葉片形狀如一個圓圈，例如台灣天胡荽、乞食碗。
- 箭形：葉片的尖端像箭一般尖銳，基部又微凹，如果葉身胖一點，又可稱為戟形，例如刺蓼（見186頁）、箭葉堇菜（見247頁）。

花的構造

依據花的完整與否，可分為完全花與不完全花。完全花具有花萼、花冠、雄蕊和雌蕊等構造，不完全花則指缺少其中任何一項者稱之。在傳統分類學中，花是最重要的分類依據，不同的科、屬，花的構造就會不一樣。

- 花萼：位於花最外一輪的保護組織，通常呈綠色，保護花朵的內部構造，一朵花的所有萼片，合稱為花萼。
- 花瓣：是保護花蕊最明顯的部位，並具有吸引鳥類、昆蟲來幫忙授粉的功能，一朵花的所有花瓣，合稱為花冠。
- 雄蕊：是雄性的生殖器官，由花藥和花絲所組成。
- 雌蕊：是雌性的生殖器官，位於花的中央，從上而下的構造分別是柱頭、花柱和子房。

花序的形態

花序就是花朵在花軸上的排列次序，包括以下幾種：

- 單生花序：一枝花軸只開一朵花，通常花朵會較大也較鮮豔，例如台灣百合（見36頁）、豔紅紅百合（見37頁）。

- 總狀花序：花朵數量多，且每朵花都具有花柄，排列在花軸上，例如密花黃菫（見130頁）、通泉草（218頁）。
- 穗狀花序：花朵數量多，但每朵花都不具花柄，排列在花軸上，例如密花苧麻（233頁）、長穗木（見245頁）。
- 柔荑花序：外形像穗狀花序，但是花軸柔弱下垂，而且只開單性花。大部分為木本植物，例如大部分殼斗科植物的雄花。

總狀花序：密花黃菫

- 頭狀花序：花軸頂端寬大成盤狀或球狀，密生許多小花，例如含羞草（見158頁）、紫花霍香薊（見91頁）。
- 繖形花序：小花的花柄幾乎等長，從花軸頂端呈放射狀排列，例如歐蔓（64頁）、龍葵（見225頁）、台灣胡麻花（見35頁）。
- 繖房花序：外形像總狀花序，花柄不等長，但每朵小花幾乎都排在同一個水平面上，例如蟛蜞菊（見111頁）。
- 隱頭花序：花軸頂端膨大凹陷呈中空的囊狀，許多小花被包覆在囊狀物裡面，長在囊壁上，從外面看不到小花，例如薜荔、天仙果（見168頁）。
- 圓錐花序：總軸有分枝的總狀花序或穗狀花序，例如酸藤（見62頁）。
- 佛焰花序：也算是穗狀花序的一種，但總軸肉質肥厚，且有一佛焰苞所圍繞，例如柚葉藤、申跋（見29頁）。

花冠形態

仔細觀察花瓣，會發現花瓣有左右對稱、有輻射對稱、有花瓣分

離、有花瓣合生等多種形態，依照這些特徵可以做為分類依據。

- 唇形花：花冠形狀像嘴唇，且明顯具有上、下唇，例如夏枯草（142頁）、向天盞（見144頁）。
- 舌狀花：花冠基部呈管狀，上部裂開成扁平的舌狀，例如金腰箭舅（見95頁）、鵝仔草（見106頁）。
- 筒狀花：花冠基部呈管狀或長筒狀，僅頂端稍微開展，例如苦林盤（見242頁）、紫背草（見99頁）。
- 鐘狀花：冠筒寬短，基部膨大呈鐘狀，例如水冬瓜（見56頁）、祕魯苦蘵（見221頁）、雞屎藤（見208頁）。
- 壺狀花：冠筒呈卵形或橢圓形，上部開一狹口，例如南燭（見125頁）。
- 蝶形花：外形像蝴蝶一般，花瓣有五片，最上面的為旗瓣，兩側為翼瓣，下方兩片為龍骨瓣，例如樹豆（見149頁）、鐵掃帚（見155頁）。
- 漏斗狀花：花冠外形像喇叭，下部細長呈筒狀，上部開展成漏斗狀，例如槭葉牽牛花（見114頁）。
- 輪狀花：花冠筒短，裂片由基部向四面擴展，狀如車輪，例如琉璃繁縷（見191頁）。

果實形態

果實是花朵經由授精之後，由子房或花朵的其他部位發育而成，下面是幾種常見的果實類型：

- 瘦果：果實裡的種子有一層薄薄的種皮，可使果實和種子分開，一個心皮內只有一顆種子，例如野慈姑（見27頁）、黃花三七草（見103頁）。
- 漿果：果肉柔嫩，含有許多漿汁，通常是好吃的水果，例如水冬瓜（見56頁）、小月桃

（見44頁）。

- 聚合果：一朵花擁有許多雌蕊，每個雌蕊的子房都會發育成小果，所有的小果全聚生在同一個花托上，例如禺毛茛（196頁）、蛇莓（見199頁）。
- 聚花果：由一個花序的許多朵花聚合而成，每朵花的子房都會發育成果實，例如林投、小葉桑。
- 蒴果：由兩個或兩個以上的心皮合生而成，成熟後縱向開裂，例如射干（見32頁）、野牡丹（見166頁）。
- 蓇葖果：由單心皮或多數離生心皮所組成，成熟後僅一邊開裂。例如歐蔓（見64頁）、石板菜（見118頁）。
- 穎果：果皮和種皮緊密結合，果實內僅有一顆種子，例如禾本科植物。
- 核果：外果皮很薄，中果皮很厚，內果皮堅硬，形成一個硬核，常見的包括一些薔薇科的水果。例如桃子、金露花（見244頁）。
- 仁果：果肉都是由子房和花的其他部位所組成，裡面有乾硬的果仁，例如蘋果、枇杷。
- 莢果：莢果是豆科植物果實特有的稱呼，由單心皮雌蕊發育而成，例如太陽麻（見151頁）、濱豇豆（見161頁）。
- 堅果：果實外皮堅硬且成熟後並不開裂，種子與果皮並不相連，例如仙草（見140頁）、夏枯草（見142頁）。
- 瓠果：是葫蘆科植物特有的果實類型，果實是由子房及花萼所形成的一種假果，例如絲瓜（見121頁）、短角苦瓜（見122頁）。
- 翅果：在子房壁上長出纖維組織構成的薄翅，可以依靠風力將種子散播到更遠的地方，例如台灣百合（見36頁）。

小月桃的鮮紅漿果

常見的植物繁殖方法

植物的繁殖方法分為有性繁殖及無性繁殖兩大類。有性繁殖是指以種子繁殖的播種法。而常見的無性繁殖包括扦插法、壓條法、分株法、嫁接法等多種方式，可依植物的特性選用。

目前的綠化工程常強調要採用生態綠化，也就是多採用一些原生種的植物來綠化環境，但在花市不見得可以買得到原生種植物，經常見到的反而是外來種的園藝植物。不過，假如你能認識更多的野地植物，就可自己試著來繁殖，打造自己的原生植物花園，不但便宜又有野趣，更可跟大自然的野生動植物聯成一氣，說不定還可吸引野生的鳥類、哺乳類或昆蟲來造訪。不妨自己動手試試看，這裡介紹幾種簡單且常用的繁殖方法提供參考。

播種法：1.採集植物成熟的種子。2.種子上面覆蓋薄薄的一層土，並保持潮濕。

播種法

繁殖植物最常使用的方法就是播種法，但也是成長最慢的方法。首先要採集植物成熟的種子，將種子散播在栽培土上，在種子上面覆蓋薄薄的一層土。一般來說，大部分的植物要適度地給予陽光，重點是要保持潮濕但不要淹水，就能順利培育。

分株法

將生長茂盛且附有根系的健

分株法：1.用刀子或手將植株一分為二。2.繁殖體已有自立所需的器官。

康植株，用刀子或手將植株一分為二，再分別種植於不同盆土或介質上面。由於繁殖體已具有獨自所需的器官，因此是所有植物繁殖技術中較能確保成功的方法之一，植株成長也會比較快。但每次由母株分株出來的個體有限，增殖率較低。

扦插法

將可扦插的根、莖、葉等部位剪下，插入乾淨的材質中，使之生根成為新植株，稱為扦插法。通常扦插用的植物體一定要有芽或節，而且土壤要通風、光線不可太強，且環境要保持潮濕。

壓條法

又分為土壓法及高壓法兩種。土壓法是將蔓性植物的莖或枝條直接壓入介質，等莖或枝條長根或在節的地方長出子株，就可將帶有根的枝條或子株與母株切離後植入新盆中。高壓法是先將成熟枝條的莖處環狀剝皮，用濕泥土或水苔把該處用塑膠袋包覆，並在兩端綁緊以防水分散失。待枝條長出新根後，將枝條切離該樹，並將該枝條種植於另一盆缽中。壓條法通常較費工，且繁殖速度慢，所以大都用於扦插不易長根的植物或高經濟價值的作物。

扦插法：1.扦插用的植物體，要有芽或節。2.插入乾淨的材質中，只留幾片葉子，以利行光合作用，並保持潮濕。

土壓條法．1.將蔓性植物的莖或枝條直接壓入介質中。2.莖或枝條長根後，再切離母株。

花色快速檢索表

為 方便讀者快速查照，本單元特依據花色、花瓣數（由少至多）及型態（簡單到複雜）來細分本書收錄的303種特色野花。白色系請從本頁查起，黃色系見P19，橙色系見P21，紅色系見P21，紫色系見P22，綠色系見P25。

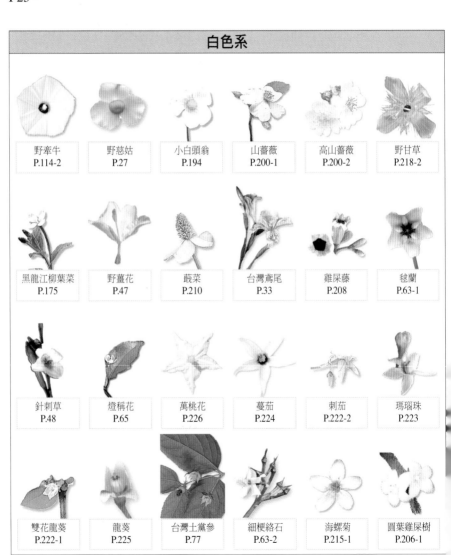

白色系

野牽牛 P.114-2	野慈姑 P.27	小白頭翁 P.194	山薔薇 P.200-1	高山薔薇 P.200-2	野甘草 P.218-2
黑龍江柳葉菜 P.175	野薑花 P.47	蕺菜 P.210	台灣鳶尾 P.33	雞屎藤 P.208	毯蘭 P.63-1
針刺草 P.48	燈稱花 P.65	萬桃花 P.226	蔓茄 P.224	刺茄 P.222-2	瑪瑙珠 P.223
雙花龍葵 P.222-1	龍葵 P.225	台灣土黨參 P.77	細梗絡石 P.63-2	海螺菊 P.215-1	圓葉雞屎樹 P.206-1

地錢草 P.192	台北附地草 P.73	梅花草 P.213	木槿 P.164	台灣莓 P.204-1	台灣草莓 P.199-2
刺莓 P.202	寒莓 P.201-1	高山懸鉤子 P.201-2	斯氏懸鉤子 P.203	玉山鋪地蜈蚣 P.198	阿里山卷耳 P.82
卷耳 P.83	雷公藤 P.86	黑果馬㼎兒 P.123-2	毛蟲婆婆納 P.220-1	半邊蓮 P.78	草海桐 P.134
長距石斛 P.40-2	白鶴蘭 P.40-1	倒地鈴 P.209	大花咸豐草 P.93	豔紅百合 P.37	台灣百合 P.36
擬鴨舌廣 P.206-2	苦懸鉤子 P.204	鵝兒腸 P.85-2	狗筋蔓 P.85-1	土茯苓 P.97-1	刺蓼 P.186-2
火炭母草 P.184	台灣牛皮消 P.61	冇骨消 P.81	繖花龍吐珠 P.205	地膽草 P.98	節節花 P.57

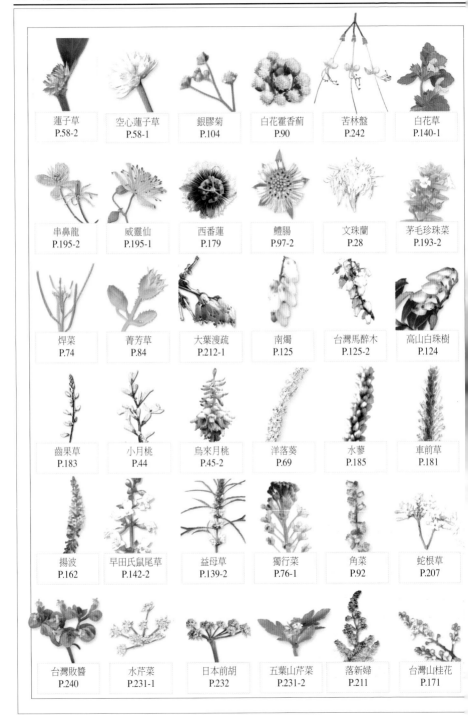

蓮子草 P.58-2	空心蓮子草 P.58-1	銀膠菊 P.104	白花霍香薊 P.90	苦林盤 P.242	白花草 P.140-1
串鼻龍 P.195-2	威靈仙 P.195-1	西番蓮 P.179	鱧腸 P.97-2	文珠蘭 P.28	茅毛珍珠菜 P.193-2
焊菜 P.74	菁芳草 P.84	大葉溲疏 P.212-1	南燭 P.125	台灣馬醉木 P.125-2	高山白珠樹 P.124
齒果草 P.183	小月桃 P.44	烏來月桃 P.45-2	洋落葵 P.69	水蓼 P.185	車前草 P.181
揚波 P.162	早田氏鼠尾草 P.142-2	益母草 P.139-2	獨行菜 P.76-1	角菜 P.92	蛇根草 P.207
台灣敗醬 P.240	水芹菜 P.231-1	日本前胡 P.232	五葉山芹菜 P.231-2	落新婦 P.211	台灣山桂花 P.171

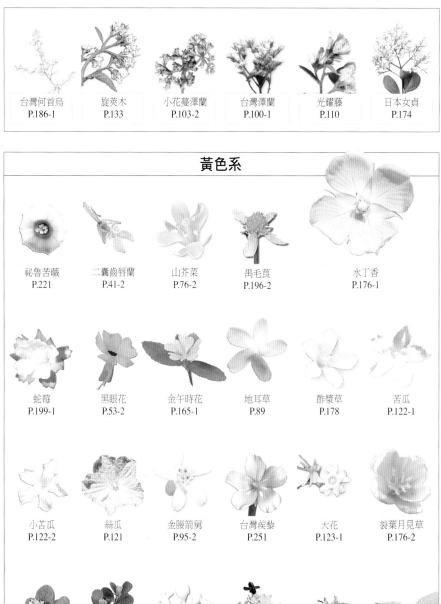

台灣何首烏	旋莢木	小花蔓澤蘭	台灣澤蘭	光耀藤	日本女貞
P.186-1	P.133	P.103-2	P.100-1	P.110	P.174

黃色系

祕魯苦蘵	二囊齒唇蘭	山芥菜	禺毛茛	水丁香
P.221	P.41-2	P.76-2	P.196-2	P.176-1

蛇莓	黑眼花	金午時花	地耳草	酢漿草	苦瓜
P.199-1	P.53-2	P.165-1	P.89	P.178	P.122-1

小苦瓜	絲瓜	金腰箭舅	台灣欒樹	大花	裂葉月見草
P.122-2	P.121	P.95-2	P.251	P.123-1	P.176-2

小茄	馬齒莧	羊角藤	油菜	台灣羊桃	豨薟
P.193-1	P.188	P.62-2	P.75	P.55	P.106-2

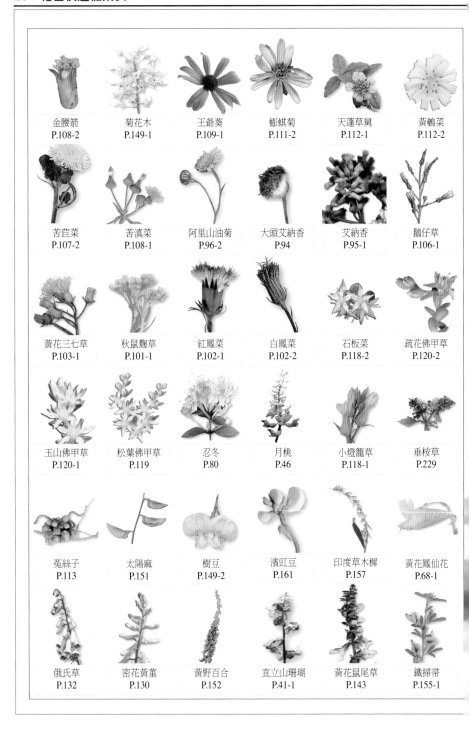

金腰箭 P.108-2	菊花木 P.149-1	王爺葵 P.109-1	蟛蜞菊 P.111-2	天蓬草舅 P.112-1	黃鵪菜 P.112-2
苦苣菜 P.107-2	苦滇菜 P.108-1	阿里山油菊 P.96-2	大頭艾納香 P.94	艾納香 P.95-1	鵝仔草 P.106-1
黃花三七草 P.103-1	秋鼠麴草 P.101-1	紅鳳菜 P.102-1	白鳳菜 P.102-2	石板菜 P.118-2	疏花佛甲草 P.120-2
玉山佛甲草 P.120-1	松葉佛甲草 P.119	忍冬 P.80	月桃 P.46	小燈籠草 P.118-1	垂枝草 P.229
菟絲子 P.113	太陽麻 P.151	樹豆 P.149-2	濱豇豆 P.161	印度草木樨 P.157	黃花鳳仙花 P.68-1
俄氏草 P.132	密花黃菫 P.130	黃野百合 P.152	直立山珊瑚 P.41-1	黃花鼠尾草 P.143	鐵掃帚 P.155-1

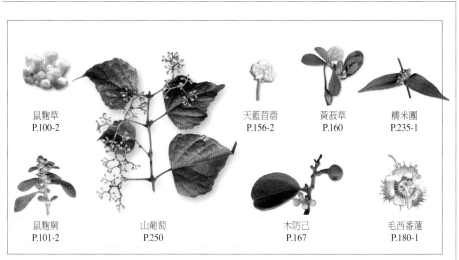

鼠麴草
P.100-2

天藍苜蓿
P.156-2

黃菽草
P.160

糯米團
P.235-1

鼠麴舅
P.101-2

山葡萄
P.250

木防己
P.167

毛西番蓮
P.180-1

橙色系

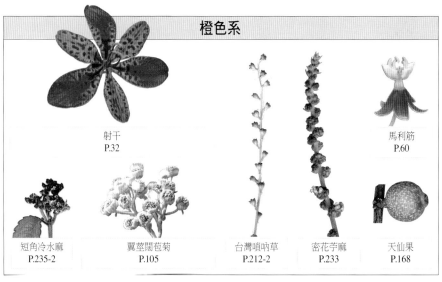

射干
P.32

馬利筋
P.60

短角冷水麻
P.235-2

翼莖闊苞菊
P.105

台灣嗩吶草
P.212-2

密花苧麻
P.233

天仙果
P.168

紅色系

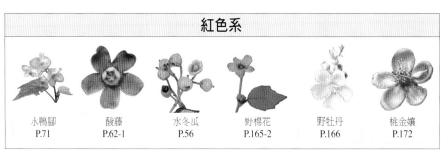

水鴨腳
P.71

酸藤
P.62-1

水冬瓜
P.56

野棉花
P.165-2

野牡丹
P.166

桃金孃
P.172

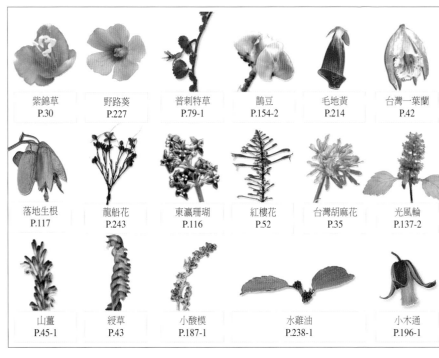

紫錦草 P.30	野路葵 P.227	普刺特草 P.79-1	鵲豆 P.154-2	毛地黃 P.214	台灣一葉蘭 P.42
落地生根 P.117	龍船花 P.243	東瀛珊瑚 P.116	紅樓花 P.52	台灣胡麻花 P.35	光風輪 P.137-2
山薑 P.45-1	綬草 P.43	小酸模 P.187-1	水雞油 P.238-1		小木通 P.196-1

紫色系

槭葉牽牛花 P.114-1	馬鞍藤 P.115	牛軛草 P.31-2	金露花 P.244	細葉蘭花參 P.79-2	紫花酢漿草 P.177
土人參 P.190	歐蔓 P.64	毛馬齒莧 P.189	紫茉莉 P.173	山芝麻 P.228	百金 P.131

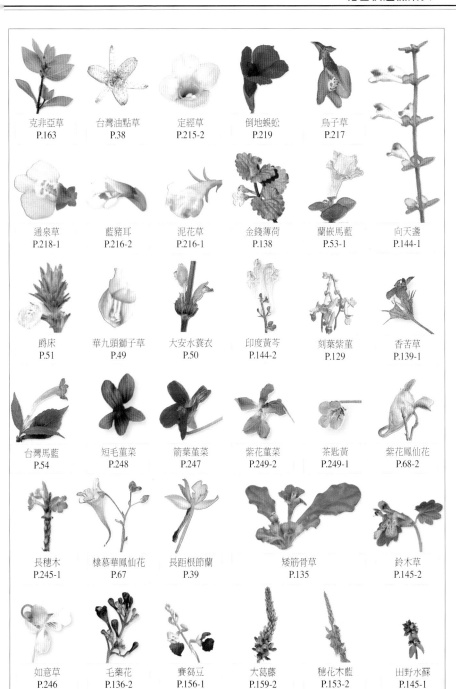

克非亞草
P.163

台灣油點草
P.38

定經草
P.215-2

倒地蜈蚣
P.219

烏子草
P.217

通泉草
P.218-1

藍豬耳
P.216-2

泥花草
P.216-1

金錢薄荷
P.138

蘭嵌馬藍
P.53-1

向天盞
P.144-1

爵床
P.51

華九頭獅子草
P.49

大安水蓑衣
P.50

印度黃芩
P.144-2

刻葉紫菫
P.129

香苦草
P.139-1

台灣馬藍
P.54

短毛菫菜
P.248

箭葉菫菜
P.247

紫花菫菜
P.249-2

茶匙黃
P.249-1

紫花鳳仙花
P.68-2

長穗木
P.245-1

棣慕華鳳仙花
P.67

長距根節蘭
P.39

矮筋骨草
P.135

鈴木草
P.145-2

如意草
P.246

毛藥花
P.136-2

賽芻豆
P.156-1

大葛藤
P.159-2

穗花木藍
P.153-2

出野水蘇
P.145-1

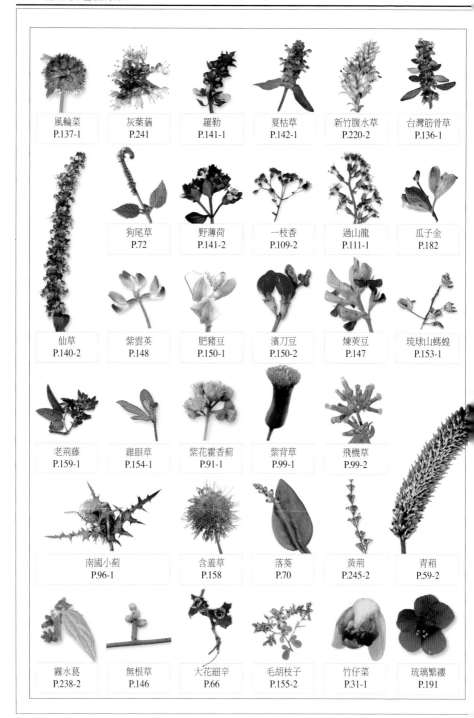

風輪菜 P.137-1	灰葉蕕 P.241	羅勒 P.141-1	夏枯草 P.142-1	新竹腹水草 P.220-2	台灣筋骨草 P.136-1
	狗尾草 P.72	野薄荷 P.141-2	一枝香 P.109-2	過山龍 P.111-1	瓜子金 P.182
仙草 P.140-2	紫雲英 P.148	肥豬豆 P.150-1	濱刀豆 P.150-2	煉莢豆 P.147	琉球山螞蝗 P.153-1
老荊藤 P.159-1	雞眼草 P.154-1	紫花霍香薊 P.91-1	紫背草 P.99-1	飛機草 P.99-2	
南國小薊 P.96-1		含羞草 P.158	落葵 P.70	黃荊 P.245-2	青葙 P.59-2
霧水葛 P.238-2	無根草 P.146	大花細辛 P.66	毛胡枝子 P.155-2	竹仔菜 P.31-1	琉璃繁縷 P.191

綠色系

申跋
P.29

山寶鐸花
P.34

三角葉西番蓮
P.180-2

印度鐵莧
P.127-1

鐵莧菜
P.126

野莧
P.59-1

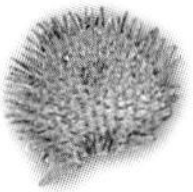

假吐金菊
P.107-1

毛天胡荽
P.230

齒葉矮冷水麻
P.237-1

珍珠蓮
P.169-1

飛揚草
P.127-2

千根草
P.128-1

蓖麻
P.128-2

臭杏
P.87

羊蹄
P.187-2

青苧麻
P.234

小藜蓬
P.88-1

小葉冷水麻
P.236

盤龍木
P.169-2

萹草
P.170

雀梅藤
P.197

西南冷水麻
P.237-2

裸花鹹蓬
P.88-2

豬阜
P.91-2

咬人貓
P.239

如何使用本書

本書特蒐全台最稀有、最常見、最美麗、最奇特的75科，303種特色野花，收錄範圍遍佈高、中、低海拔。除介紹植株的外形特徵與生態環境外，更有花期與最佳觀賞點等實用資訊。全書依單子葉、雙子葉順序進行編排，在此介紹特色野花個論的編排方式：

拉丁學名

此系列植物所屬科名

每科都有專文介紹該科的共同特性

本種植物在分類學上的屬名

物種的中文名，這裡採用的是野花通常使用的名稱

物種介紹，包括本種植物的生長習性、花葉果的性狀以及季節變化

介紹本種植物最容易辨識的幾點特徵，或者與相似種之間的差異，可供野外辨識之用

本種植物的其他中文名稱

本種植物常見的幾種生長環境

植物生態圖，盡量取各種植物在自然環境中生長的樣子，並標上相對高度

74 · 十字花科

十字花科 Brassicaceae (Cruciferae)

本科全世界超過300屬3000多種，大都為一年、二年或多年生草本，很少呈亞灌木狀，在台灣有12屬19種，栽培蔬菜以藝苔屬及蘿蔔屬最重要。葉分基生葉及莖生葉，基生葉蓮座狀，莖生葉互生，沒有托葉，單葉或羽狀分裂，葉通常有辣味。花兩性，花瓣4枚，果為角果。本科有很多蔬菜和油料作物，在野外也有很多蜜源植物。

屬名 碎米薺屬　　　　　學名 *Cardamine flexuosa* With.

焊菜

一年或二年生細小的草本，廣泛分布在北半球溫帶，為全島平野常見雜草。葉片為紋白蝶幼蟲的食物，可當野菜食用。嫩苗經水汆燙後，如一般蔬菜煮食，炒肉絲或煮湯，滋味均佳。莖自基部處多分枝，下端通常被毛，羽狀複葉，側生羽片3至6對，頂裂小葉最大。總狀花序，花白色；角果線形。

春至秋季開白色，花瓣4枚

角果線形

羽狀複葉，側生羽片3至6對

- **辨識重點** 成熟的果實黃色，輕輕碰一下，兩邊果皮會由下往上捲，速度很快，常可將種子與果皮彈出去。
- **別名** 小葉碎米薺、碎米薺、蔊菜。
- **喜生環境** 潤濕的水田地、路旁潮濕地。

全島平地至山區的水田、溝渠或各類濕地環境普遍可見，植株經常沉浸在流水中生長。

20至30公分

| 分布 全島低海拔 | 最佳觀察點 二格山路邊 | 花期 春至秋季 | 花色 白 |

去背主圖：清晰的去背圖片，以拉線圖說的方式說明本種植物花、葉、果等特色，有助於辨識

澤瀉科 Alismataceae

一年或多年生的淡水草本植物，莖一般為匍匐狀。沒入水下的葉細線狀，伸出水面的葉變寬，有的成為箭頭狀，時常浮於水面，葉柄具鞘。花常輪生在根生花軸上，成總狀或圓錐花序，偶繖形花序，輻射對稱，果實為瘦果。代表植物如野慈姑、澤瀉等，都可入藥。

屬名 慈姑屬	學名 *Sagittaria trifolia* L.

野慈姑

多年生草本，嫩芽、幼苗及小球莖都是可食蔬菜，炒食、蒸食或煮食，味道都很不錯；中藥上更是有用的解毒、利尿劑。葉形可愛，有人當成園藝植物栽培，做成盆景出售。生於水中或泥地中，不論是在水田、溝渠或野外沼澤地，都很容易發現。具走莖，走莖末端膨大呈小球莖。葉根生，具長柄，葉片變化很大，通常為箭形且呈三叉狀。春至夏季開花，花瓣白色，總狀花序。瘦果斜三角形，具翼及喙，多數小瘦果組合成單花聚合果。

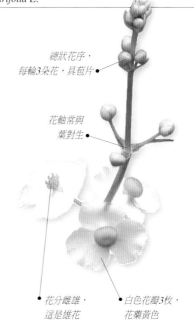

總狀花序，每輪3朵花，具苞片

花軸常與葉對生

花分雌雄，這是雄花

白色花瓣3枚，花藥黃色

- **辨識重點** 走莖末端膨大呈小球莖；葉箭形且呈三叉狀，因此別名「三腳剪」，兩側裂片通常較中間裂片長。
- **別名** 三腳剪、水芋、野茨菰、矮慈姑。
- **喜生環境** 田野水邊。

野慈姑的葉子又細又長又尖，雌雄花在同一枝花梗上，長在池邊泥地裡相當醒目。

約30至60公分

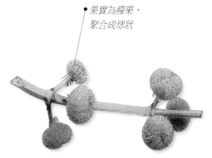

果實為瘦果，聚合成球狀

分布 全島低海拔田野	最佳觀察點 宜蘭平野水邊	花期 夏季	花色 白

石蒜科 Amaryllidaceae

多年生草本，單子葉植物，地下部有鱗莖或塊莖，細長的葉從植物基部長出來。花常為繖形花序，生於花莖頂端，花兩性，花被6枚排成兩列，雄蕊6枚，花藥呈丁字形。花豔麗可觀，常被栽培為庭園觀賞植物。果為蒴果或漿果。本科與百合科在分類系統位置上有密切關係，有些學派將這兩科合併成一科；石蒜科大都為子房下位，百合科常為子房上位。本科植物分布於全球各地，台灣僅有2屬2種。

屬名 文珠蘭屬	學名 *Crinum asiaticum* L.

文珠蘭

多年生草本，種子生命力強，發芽率高，是公園和海濱的常見植物。花軸長，果實在花軸上成熟後，花軸倒伏，種子便在落地處發芽長大，所以會在母株四周長成一大片。平埔族人充當土地界線，一般綠化工程則利用其素雅、芳香、耐不良環境的特性，栽植成觀賞植物。地下莖球狀，地上莖呈短圓柱形。葉螺旋狀著生，厚肉質，帶狀。花白色，具清香。蒴果扁球形，種子大型，外種皮海綿質，有助於在海潮中漂流散布。

花絲細長，花藥線形，花柱紫色

蒴果扁球形，種子大型

- **辨識重點** 花鱗莖圓柱形，葉螺旋狀簇生排列。花絲細長，具清香。
- **別名** 允水蕉、允水焦、文殊蘭、濱木棉。
- **喜生環境** 海濱。

葉螺旋狀簇生排列

約60至100公分

全株具毒性，但地下莖可搗敷治毒蟲咬傷。

分布 全島海濱	最佳觀察點 福隆海邊	花期 夏、秋兩季	花色 白

天南星科 Araceae

本科為草本植物，為熱帶及亞熱帶森林下的主要植物之一。主要特徵是佛焰花序，是由一枝棒狀的肉穗花序和一片葉狀的佛焰苞所組成，成熟花序常散發出臭味。植株有白色乳汁，具毒性，但植物經過曬乾、煮沸或其他方法處理後仍可食用。果實為漿果。根據研究，本科植物的性別會隨營養狀況而改變，營養狀況好時，長出來的花為雌性，營養狀況不良時，長出來的花是雄性，園藝上會利用這樣的特性做適當栽培。

屬名 天南星屬	學名 *Arisaema ringens* Schott

申跋

多年生草本，全株都有毒，塊莖毒性尤強，誤食會引起呼吸系統障礙，但用量恰當，卻是治療皮膚疾病的良方。塊莖扁球狀；葉有柄，葉片由3片複葉組成，頂小葉菱狀橢圓形，側小葉歪橢圓形，全緣或波狀緣。佛焰苞大型，從兩片葉子間伸展出來，棒狀圓筒形，雄花和雌花緊密排列在肥大的花軸上，形成一條肉穗花序。漿果成熟時為紅色。

- **辨識重點** 佛焰苞單生，圓筒形，淡綠色，先端捲曲，外被白色條紋。
- **別名** 油跋、小天南星。
- **喜生環境** 林下陰濕處。

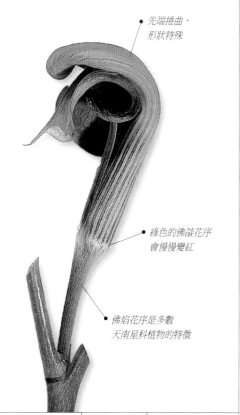

先端捲曲，形狀特殊

綠色的佛燄花序會慢慢變紅

佛焰花序是多數天南星科植物的特徵

約40至60公分

喜生長於陰濕環境，常見於北部低海拔地區，每株有兩片葉子，佛燄花序可當插花材料。

分布 本島東、北、中部海拔2000公尺以下的林地內	最佳觀察點 大屯山	花期 春末夏初	花色 淡綠，有白條紋

鴨跖草科 Commelinaceae

一 年或多年生草本。莖細長，有節；葉互生，有明顯的葉鞘。花單生，常多數排成頂生或腋生之蠍尾狀或圓錐狀聚繖花序；花瓣離生或基部合生，退化雄蕊3-4枚，不等大。果實為蒴果，常開裂，種子有稜。本科有多種生長在潮濕的環境，也有多種被培植為觀葉植物品種。

屬名 紫錦草屬	學名 *Setcreasea purpurea* Boom

紫錦草

多年生草本，因為植株顏色豔麗，且容易繁殖，常用來美化庭院。汁液有毒，皮膚過敏的人不慎觸及，皮膚會紅腫或起疹子。性喜溫暖多濕的環境，植株匍匐狀或蔓生下垂，全株呈紫色或紫紅色，葉面被有軟毛茸，質厚而脆，易折斷。春季於各分枝頂端開桃紅色的花，非常可愛。

蔓性

四季都具觀葉效果，陽光不足時，葉色會較灰暗。

- **辨識重點** 莖葉均呈濃紫或暗紫色，葉面有軟毛茸。夏季開桃紅色花，有蚌殼狀的苞片保護。
- **別名** 紅苞鴨跖草。
- **喜生環境** 全日照或半日照的庭院或郊野。

雄蕊6枚

葉面被有軟毛茸

花桃紅色

全株呈紫色

分布 全島各地低海拔平野路邊	最佳觀察點 台大農場	花期 春、夏兩季	花色 桃紅

屬名 鴨跖草屬	學名 *Commelina diffusa* Burm.

竹仔菜

一年生草本，莖平臥匍匐狀，多分枝，節上長根。單葉互生，葉無柄，葉鞘筒狀，鞘口具纖毛。聚繖花序，花瓣3枚，藍紫色，基部兩片有爪，花萼綠色。果實為蒴果，橢圓形，熟時開裂。喜生長在陰濕角落，花白天開放，下午花瓣會慢慢捲縮。幼苗及嫩莖葉可食並具藥效，可用種子或走莖繁殖。

葉鞘抱莖

葉無柄，披針形或卵狀披針形

花藍色，花萼綠色

- **辨識重點** 本種與鴨跖草（*C. communis* Linn.）的區別為：本種3枚花瓣都是藍色，而鴨跖草靠下方的花瓣較小且為心形、白色。
- **別名** 竹仔菜、竹仔葉、紅骨竹仔葉、竹葉菜、白竹仔菜、竹節草。
- **喜生環境** 水邊、潮濕地。

分布 全島中低海拔開闊地	最佳觀察點 普遍分布	花期 5月-10月	花色 藍

屬名 水竹葉屬	學名 *Murdannia loriformis* (Hassk.) R. S. Rao

牛軛草

多年生草本植物，葉分基生葉及莖生葉兩型，基生葉叢生，莖生葉互生。聚繖花序頂生，上午開花，下午閉合；花梗細而挺直，花瓣3枚，淡紫色。蒴果卵狀三稜形，種子有白色的斑塊。植株強健粗放，耐陰又耐旱，生長密集，是很好的地被綠化植物。

花瓣3枚，淡紫色

- **辨識重點** 本屬植物台灣有4種，依植物有無基生葉來區分，本種有基生葉。
- **別名** 細竹篙草、書帶水竹草、血見愁。
- **喜生環境** 路旁和荒廢地。

約 2 至 3 公分

台灣原生種植物，花梗細而挺直。

分布 低海拔開闊地	最佳觀察點 普遍分布	花期 4月-7月	花色 紫

鳶尾科 Iridaceae

小 至中型落葉多年生草本。根粗大肉質或呈塊狀，常具地下莖；生殖莖常具縱翼，有1至數個節間。葉披針至線形，花排列成圓錐或聚繖花序，多兩性，放射對稱；果實為蒴果。本科植物以花大、鮮豔及花形奇特著稱，主要用於觀賞，有些可作為藥用或提取芳香油。

屬名 射干屬	學名 *Belamcanda chinensis* (L.) DC.

射干

多年生宿根性草本，可當藥用，具有清熱解毒功效。莖高約1公尺，地下有匍匐莖，上有環狀葉痕，下側及周圍著生鬚根，橙黃色，根莖內的組織亦呈赤黃色，劍形葉聚生在莖的基部，排成二列。花橙色頂生，夏季開花，花瓣有深紅色斑點。蒴果三角狀，內含黑色種子。

- **辨識重點** 因莖梗長如射之長竿而得名，葉片扁平，葉形像劍一般。橙色花頂生，花瓣6片，有深紅色斑點。
- **別名** 扁竹、扁竹蘭、鐵扁擔、尾蝶花、紅蝴蝶花、剪刀鉸、黃知母、紫良薑。
- **喜生環境** 原野草地、山坡路邊。

從前數量極多，海岸山脈開闊草生地或海岸灌叢中常有分布，但由於居民墾殖及藥商收購，目前已極為罕見。

30
至
70
公
分

總狀花序頂生

花冠橙色

花瓣有深
紅色斑點

分布 全島各地低海拔平野路邊	最佳觀察點 東北角海岸公路邊	花期 春、夏兩季	花色 橙

屬名 鳶尾屬	學名 *Iris formosana* Ohwi

台灣鳶尾　特有種

多年生草本，台灣特有種，產在中央山脈中海拔地區，花形非常漂亮，值得栽培成園藝植物。鳶尾類的花朵都很出色，6個花被片中，外側3片較大，而且有斑點或網紋，這是辨認鳶尾品種的重要參考。根莖匍匐狀，莖單一。葉很長，可達120公分，具脈3-5條。總狀圓錐花序，外輪3花被片，中央至近基部具褐色斑點並有天藍色條紋，不整齊齒緣；內輪3花被片，略較外輪者短，帶天藍色，不整齊細齒緣。蒴果長橢圓形，3-4公分，熟時開裂。

- **辨識重點**　外花被反捲，花柱直立，花白色，帶紫藍色。本種與日本鳶尾（*I. japonica*）最大區別在於花色，日本鳶尾的花為紅白色。
- **別名**　台灣蝴蝶花、彩虹鳶尾。
- **喜生環境**　森林邊緣。

花瓣形如鳶鳥尾巴而得名

花多數，包在頂生或腋生有柄的佛焰苞中

外輪花被片中央至近基部具褐色斑點，並有天藍色條紋

30至40公分

本種是台灣唯一的野生鳶尾，花形清新脫俗，十分迷人。

分布 中央山脈中海拔地區	最佳觀察點 梅峰	花期 夏季	花色 白色，帶藍紫色

百合科 Liliaceae

多年生草本，屬單子葉植物類，通常具有根狀莖、球莖或鱗莖。葉基生或莖生，莖生葉常互生，少有對生或輪生。花被6枚成2輪，雄蕊6枚，多為蟲媒花。本科植物在全世界分布廣泛，特別是溫帶和亞熱帶地區，而台灣算是百合屬分布的最南界。百合花是全球產值最高的球莖花卉，通常用作切花或盆栽，球莖其實是葉片特化而成的鱗莖，可用以儲藏養分。可用種子繁殖，也可用鱗莖進行無性繁殖。

屬名 寶鐸花屬	學名 *Disporum shimadai* Hayata

山寶鐸花 　特有種

多年生草本，台灣特有種。莖常呈匍匐半直立狀，頂端分歧，單葉互生，幾乎沒有葉柄，披針狀卵形，葉基跟葉尖均銳尖，葉全緣。花黃綠色至黃色，頂生，單一朵或數朵花呈繖形花序狀。漿果球形，成熟時呈紅色，為本省固有植物。

- **辨識重點** 寶鐸花屬的植物在台灣有兩種，另一種是台灣寶鐸花（*D. kawakamii* Hay），其葉子有明顯的葉柄，葉片較狹長，著生花朵的數量也較多。
- **喜生環境** 山區林緣。

單葉互生，
幾乎沒有葉柄

30至60公分

花1-3朵著生於枝條頂端，
向下生長

花長筒狀，
會從黃綠色轉為黃色

台灣稀有的原生種，花果及莖葉在秋冬乾枯，地下莖越冬後會再萌芽生長。

分布 北部、中部及東部中低海拔林內	最佳觀察點 石碇、平溪	花期 春、夏兩季	花色 黃綠至黃

屬名 胡麻花屬	學名 *Heloniopsis* umbellata

台灣胡麻花　特有種

多年生草本，台灣特有種。喜生長於中低
海拔的濕涼山坡處，早春開花時，常可在
山坡的背陽面發現，花色會隨著生長環境
的光照強度而呈現白色、淡紅、淡紫或淡
綠色。根系長，地下走莖短而不明顯。葉
狹長，光滑無毛，卵圓形，簇生，葉背中
肋明顯。花莖自中央部位抽出，繖形花序
頂生，由5-9朵小花組成。花及花莖在結
果、散播種子後，會逐漸枯萎而消失。蒴
果卵圓形，熟時綠色。

- **辨識重點** 根生葉叢生，長長的花莖自
  葉基中央部位抽出，繖形花序頂生，具
  淡淡香味。
- **別名** 銳葉胡麻花。
- **喜生環境** 陰涼潮濕的山路邊坡。

● 繖形花序頂生

● 花莖自葉基中央部位抽
出，長12-15公分

● 根生葉叢生，倒披
針形至倒卵形

每年二月花開時，表示春天已經來臨了，花
雖小卻相當顯眼，尤其是在野花尚不多的早
春，格外討人喜愛。

10
公
分

| 分布 台灣中、北部海拔700-1200公尺的潮濕山坡地 | 最佳觀察點 陽金公路小油坑至中湖段 | 花期 2月-5月 | 花色 白、淡紅、淡紫 |

屬名 百合屬	學名 *Lilium formosanum* Wall. var. *formosanum*

台灣百合 特有種

多年生球根植物,台灣特有種,喜歡生長在陽光充足之處,分布極廣且適應力強,上可達海拔2000公尺的山區,生長在岩壁上,下可至海岸附近,甚至連珊瑚礁上都可見到,適應力超強。花季是4月至9月,但各地開花時間不同,一般而言低海拔者會先開花,中高海拔開花較晚。近來由於遭受採集壓力,數量比以前少許多。具白色或淡黃色的肉質性鱗莖,莖直立,細長而少有分枝;葉互生,狹線形。花頂生,一至數朵,花冠喇叭狀,白色且有紫褐色條紋,帶甜淡幽雅的香味。果實為圓柱形的蒴果,成熟後裂開,具薄翼的種子隨即散出,數量極多。

80 至 100 公 分

台灣生命力最強的植物之一,無論是海濱或高山的岩石隙縫,只要有足夠的陽光就能生長。

- **辨識重點** 莖軸綠色並常帶紫斑;朝下開花,花被6片,喇叭狀具芳香,有5條紫褐色中肋,先端略反捲。
- **別名** 山蒜頭、通江百合、高砂百合、師公研。
- **喜生環境** 陽光充足的開闊地。

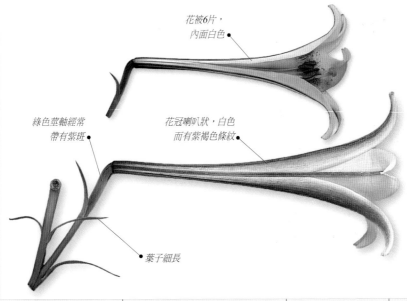

花被6片,
內面白色

綠色莖軸經常
帶有紫斑

花冠喇叭狀,白色
而有紫褐色條紋

葉子細長

分布 中低海拔開闊地	最佳觀察點 東北角海岸公路邊	花期 春、夏兩季	花色 白

屬名 百合科	學名 > *Lilium speciosum* Thunb. var. *gloriosoides* Baker

豔紅百合

台灣原生稀有植物，由於具藥用及觀賞價值，早期被大量濫採，如今殘存的野生數量已不多，急需保護。葉寬披針形，葉柄較短，具地下鱗莖。總狀花序，花開於枝頂，花朵非常豔麗，6枚花瓣反捲，邊緣波狀，中央有淺紅色斑塊及斑點，露出6根纖長的雄蕊，頂端有鮮明的紅色花藥。蒴果橢圓球形。

- **辨識重點** 6枚花瓣反捲，中央有淺紅色斑塊跟斑點，有「最美麗的東亞百合」之稱。
- **別名** 豔紅鹿子百合、鬼百合、藥百合。
- **喜生環境** 森林裡或林道邊。

蒴果橢圓球形

6枚花瓣反捲，中央有淺紅色斑塊及斑點

雄蕊6根

葉有短柄，具3-5脈

20至30公分

莖光滑無毛，發育成熟後轉為紅褐色

台灣四種原生百合之一，台灣只生長在東北角一帶，野生族群稀少，急需努力保育，台北縣平溪鄉選為鄉花。

分布 北部低山潮濕林下及草坡	最佳觀察點 平溪、石碇	花期 夏季	花色 白色，中央有紅色斑點和斑塊

屬名 油點草屬	學名 *Tricyrtis formosana* Baker

台灣油點草 　特有種

多年生草本，台灣特有種，因葉片和花朵上均布滿油點而得名。地上莖直立，波狀彎曲，有分枝。葉無柄，披針形，平行脈，葉基部有鞘，表面散生油點，葉背有毛，全緣。疏繖房花序，花形呈喇叭狀，花被白紫色，上覆紫紅色斑點；柱頭3裂，每一裂片又分成2叉，十分顯目。蒴果線狀圓柱形，有3條縱稜，成熟時開裂。花序可當花材，不開花時則是很好的觀葉植物；藥用方面，全草有清熱利尿等功效。

50
至
80
公
分

- **辨識重點** 花開時，像美麗的小燈籠；花蕊形狀十分奇特，柱頭呈3裂，每一裂片又分成2叉，是本種最容易辨認的特徵。
- **別名** 溪蕉莢、石溪蕉、石水蓮、竹葉草和黑點草。
- **喜生環境** 潮濕陰暗的岩壁處。

台灣原產的台灣油點草分布廣、族群龐大，花形相當特殊，已經開發盆栽生產。

開喇叭狀花

葉上表面光滑，
下表面被毛

花被白紫色，
上覆紫紅色斑點

單葉互生，無葉柄

分布 平地至海拔1000公尺的地區	最佳觀察點 關仔嶺紅葉公園	花期 9月-11月	花色 白紫色，上覆紫紅色斑點

蘭科 Orchidaceae

本 科植物為地生、附生或腐生，根肉質，具根莖、球莖或塊莖。葉莖生或基生，葉片基部常具包莖之鞘。花序頂生或側生，穗狀、總狀或圓錐狀，或花單生。花常兩側對稱，花瓣3，中央者為唇瓣；唇瓣常3裂，基部常突出成囊或距；果實為蒴果。除了南北兩極以外，全球陸地都可找到蘭科植物。大多數蘭花喜歡溫暖、濕潤、通風、排水良好及有散射光線的環境，因此熱帶常見。台灣的蘭科植物約有300多種。

屬名 根節蘭屬	學名 *Calanthe masuca* (D. Don) Lindl.

長距根節蘭

中型地生蘭，因品系變化頗多，若能繁殖成為觀賞蘭，一定會有很豐富的觀賞價值。假球莖極小，叢生狀；葉4-6片，長橢圓形，具5條主脈，邊緣稍呈波浪狀。花為紫色或粉紫色，花謝時略變為黃色。

- **辨識重點** 距很長，本種是台灣原生根節蘭屬植物中「距」最明顯的種類，花呈單純的紫色，非常容易辨認。
- **別名** 長尾根節蘭、長距蝦脊蘭、紅根節蘭。
- **喜生環境** 陰濕闊葉林下。

花朵側面有長距●

花為紫色或粉紫色

60至100公分

通常成簇叢生，分布在全島1000公尺左右的闊葉林底下，是一種比較常見的地生蘭。

分布 全島低海拔山區	最佳觀察點 巴福越嶺古道	花期 夏、秋兩季	花色 紫或粉紫

屬名 根節蘭屬	學名 *Calanthe triplicata* (Willem.) Ames

白鶴蘭

中低海拔山區很常見的地生蘭，分布非常廣。假球莖被葉的基部所覆蓋，葉片很長，狹長橢圓形至卵狀橢圓形。總狀花序，花白色，多朵密生，一朵一朵的白花就像一隻隻飛上青天的白鶴一般，花期在5月至8月間。

總狀花序，花自叢生葉中抽生

- **辨識重點** 花形奇特處在於唇瓣上有「人」字相疊，唇瓣基部有紅色突起物。
- **別名** 白花根節蘭、短柱根節蘭、白蝦脊蘭。
- **喜生環境** 林緣或林內較潮濕的地方。

唇瓣基部有紅色突起物

分布 全島中低海拔山區	最佳觀察點 石碇皇帝殿	花期 夏、秋兩季	花色 白

屬名 石斛屬	學名 *Dendrobium chameleon* Ames

長距石斛 特有種

大型氣生蘭，為台灣特有種，分布在台灣全島1500公尺以下的楠櫧林帶闊葉林中，可著生於樹幹或岩石上。莖多分叉，由角錐形之節間相接而成，每一分枝上面有縱溝；莖的生長方式很奇特，新株從老株中段長出，如此可長成一大叢掛在樹上。葉披針形，花軸腋生，花近白色，常具有綠色或紅色線紋。

花色會隨著時間而逐漸轉黃

- **辨識重點** 莖下垂，節間倒錐狀呈Z字形彎曲。花白底，具綠色或紅色紋脈。
- **別名** 彎大石斛、鷹爪石斛。
- **喜生環境** 林緣、步道的兩旁等半日照的地方。

花近白色，常有綠色或紅色線紋

分布 全島平地、山地的路邊、原野、荒地等處	最佳觀察點 北部低海拔山區林緣	花期 10月-12月	花色 白

屬名 山珊瑚屬　　學名 *Galeola falconeri* Hook. f.

直立山珊瑚

植株較高大且分布較廣，是台灣無葉綠素的腐生蘭花當中最常見的一種。根莖甚粗，花序直立，高可達1公尺以上。植株黃棕色，有分枝，具許多鱗片，花序軸被覆毛茸，花黃色，萼片肉質，唇瓣基部具小囊。

花黃色

花序很長

植株為
黃棕色

- **辨識重點** 本屬還有一種相似的植物叫山珊瑚（*G. lindleyana*），分布大都只在中海拔地區，且花期在春季，多捲曲匍匐於地面或倚靠樹叢攀爬。
- **別名** 松田氏山珊瑚、山珊瑚
- **喜生環境** 陽光充足的中海拔林地。

100
至
180
公
分

一般時候只生長在土中，只有開花時才會抽出花苞。

分布 插天山至太麻里海拔800-2300公尺的山區　最佳觀察點 利嘉林道　花期 夏季　花色 黃

屬名 齒唇蘭（假金線蓮）屬　　學名 *Odontochilus bisaccatus* (Hayata) Hayata ex T. P. Lin

二囊齒唇蘭 **特有種**

地生蘭，台灣特有種，未開花時，看起來頗像金線蓮。莖綠色或略帶灰褐色；葉4-5片互生，歪斜橢圓形，主脈及二側脈有不明顯的白色線條。花莖有毛，穗狀花序，花黃色，唇瓣呈Y字形，頂端淺裂，中片細長，邊緣梳狀深裂。

花黃色，小巧可愛

唇瓣呈Y字形

葉主脈及二側脈有不明顯的白色線條

- **辨識重點** 小型地生蘭，匍匐莖只貼在腐質層的表面生長；葉片主脈及二側脈具白色線條。
- **別名** 雙囊齒唇蘭、三線蓮
- **喜生環境** 森林內部地上。

分布 宜蘭、花蓮、苗栗、嘉義海拔1000-1500公尺的森林　最佳觀察點 南澳神祕湖　花期 夏季　花色 黃

屬名 一葉蘭屬	學名 *Pleione formosana* Hayata

台灣一葉蘭

多年生半氣根植物，生長發育需要充足的陽光，常出現在台灣山區盛行雲霧的檜木林或常綠闊葉樹林，著生於林緣或林外的峭壁岩石上。春天3月至4月間開花，每朵花壽命約2星期，開花後只長出1-2片葉子，因此得名。紫褐色假球莖角錐狀，可貯藏養分；葉單生，倒披針形，葉面曲折如波浪板，紙質。花序頂生，1-2朵花，花淡粉紅色，非常鮮麗。

20至30公分

本種有「台灣鬱金香」之稱，栽培不易，過去盜採情形相當嚴重，所以農委會於阿里山一帶設立「台灣一葉蘭自然保留區」加以保護。

- **辨識重點** 通常一株只長出一片較大的葉子及一較小葉片，或只長一大葉片。
- **別名** 台灣珠露草、大輪珠露草。
- **喜生環境** 陽光充足的地方。

唇瓣上有斑點

葉片有波浪板般的皺摺

從假球莖長出1-2片葉子

根不分叉，有根毛，受損無法再生

紫褐色假球莖可貯藏養分

分布 中海拔	最佳觀察點 阿里山眠月一帶	花期 春天	花色 粉紅，有些色淡而近白色

屬名 綏草屬	學名 *Spiranthes sinensis* (Pers.) Ames

綏草

多年生草本，小型地生蘭。植物體地上部冬季枯萎，地下部的根粗肥，可休眠過冬，翌年春季再萌芽。本種是民間常見的民俗草藥，具有補腎壯陽、強筋骨、袪風濕等功效。莖極短，接於肥大的塊根上，根粗，呈肉質性。葉為線狀披針形，4-5片。花序總狀，具有多數螺旋狀排列的小花，盤旋如廟宇之龍柱，花為粉紅色，有些則色淡而近白色，唇瓣略呈囊狀。果實為蒴果，長橢圓形。

- **辨識重點** 總狀花序，小花螺旋狀排列；肉質根像人參。
- **別名** 盤龍參、青龍柱、青龍纏柱、金龍盤樹、清明草。
- **喜生環境** 陽光強烈的平野或濕潤草地。

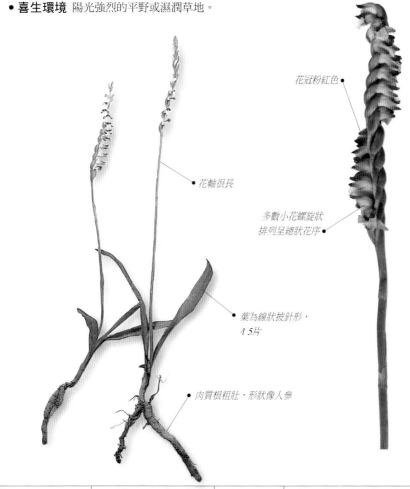

花冠粉紅色

花軸很長

多數小花螺旋狀
排列呈總狀花序

葉為線狀披針形，
4-5片

肉質根粗壯，形狀像人參

分布 中低海拔	最佳觀察點 台大草皮	花期 春天	花色 粉紅，有些色淡而近白色

薑科 Zingiberaceae

多年生草本，植物通常具芳香的地下塊莖。葉互生，基部具葉鞘及葉舌。花序為穗狀、總狀或圓錐狀，生於莖上或另由根莖冒出。花兩性，兩側對稱，花冠美麗而柔嫩，花被片6。果實為蒴果或漿果，種子有假種皮。本科有10多屬，常見的野薑花、月桃都是本科植物。

| 屬名 月桃屬 | 學名 *Alpinia intermedia* Gagn. |

小月桃

多年生草本，地下莖蔓生。每年春天，在陽明山附近的陽金公路旁會長滿成片的白色花序，在稍昏暗的林緣顯得特別醒目，這就是小月桃開花時節的景觀。單葉互生，具短葉柄，葉舌長0.5-0.6公分，葉片長25-35公分，葉面光滑。花期很長，圓錐花序直立。漿果球形，會逐漸由綠轉黃，成熟時紅色。

- **辨識重點** 因為葉子比月桃小而得名，葉光滑無毛，圓錐花序直立頂生。
- **別名** 山月桃仔、山月桃。
- **喜生環境** 半日照的林緣。

常見於闊葉林底層或林緣等陰暗潮濕的環境，開花和結果時都很醒目。

1
至
1.5
公
尺

花瓣白色，帶紅色斑點和黃暈

直立的圓錐花序

種子4-5顆

果實球形，熟時紅色

| 分布 中低海拔森林邊緣 | 最佳觀察點 陽明山附近的陽金公路兩旁 | 花期 春、夏兩季 | 花色 白 |

屬名 月桃屬	學名 *Alpinia japonica* (Thunb.) Miq.

山薑

多年生草本，在山區並不常見，不開花時更難辨認。全株被毛；單葉互生，葉兩面被短柔毛。圓錐花序，每分枝具1-3朵花。果序呈總狀，果實漿果狀，橢圓形。

花序軸直立，花色粉紅

總狀花序長10-15公分.

30至100公分

- **辨識重點** 葉兩面被短柔毛，摸起來就像絨布一般，這或許是最佳的辨認特徵。
- **別名** 日本月桃。
- **喜生環境** 林下陰濕地。

山薑是月桃屬植物，分布並不普遍，根及種子入藥可治多種痛症。

分布 低海拔山區，新竹以北及宜蘭山區較常見	最佳觀察點 木柵山區	花期 2月-8月	花色 粉紅及白色相間

屬名 月桃屬	學名 *Alpinia uraiensis* Hayata

烏來月桃

多年生草本，具地下莖，花與果不下垂。穗狀花序由莖軸生出，密被毛；蒴果近球形，成熟時紅色，果皮開裂，露出許多包有白色膜質假種皮的黑色種子。

外面覆有白色的花萼及苞片

花瓣黃色，自基部到邊緣有紅色條紋

100至200公分

- **辨識重點** 本種植株較高大，穗狀花莖密生細毛，葉脈會在葉片上產生明顯的皺摺；葉僅葉緣被毛。
- **別名** 大輪月桃。
- **喜生環境** 路旁、林邊。

月桃屬成員約有10幾種，烏來月桃算是其中的大個子，植株較大，花也比較大。

花軸直挺，粗大

分布 北部及宜蘭山區	最佳觀察點 石碇山區	花期 春、夏兩季	花色 白色，中間黃紅色

屬名 月桃屬	學名 *Alpinia speciosa* (Wendl.) K. Schum.

月桃

多年生大型草本，地下莖會向四周蔓延，地上植株成叢生長。單葉互生，葉柄短，葉披針形，兩端漸尖，葉緣被毛，下表面中肋被毛。果實和圓錐花序一樣成串下垂，花黃色，自基部到邊緣具有紅色條紋，花期長。成熟果表皮紅色，熟透裂開，裡面有許多包有白色膜質假種皮的黑色種子。

- **辨識重點** 花是野外辨識的一大特徵，黃瓣上帶有紅色斑紋。
- **別名** 玉桃、良羗、虎子花、豔山薑。
- **喜生環境** 低海拔山區林蔭邊緣。

花瓣黃色，自基部到邊緣有紅色條紋

果實成串下垂，熟時紅色

熟透開裂，露出包有白色膜質假種皮的黑色種子

外面覆有白色的花萼及苞片

花苞先端桃紅色

1至3公尺

圓錐花序成串下垂

本種是常見的民俗植物，莖曬乾後可編草席或繩索，葉子可以用來包粽子，而種子則是製作仁丹的原料。

分布 平地、低海拔	最佳觀察點 大屯山	花期 春、夏兩季	花色 黃綠

屬名 蝴蝶薑屬	學名 *Hedychium coronarium*

野薑花

常見的多年生草本，與薑科植物一樣，都有膨大的塊莖且具有特殊香味，在晚春至初冬的荒野，特別是水分充足的地方，常可以見到一大片。葉互生，長橢圓形，具長葉鞘。穗狀花序頂生，有大型的苞片保護，未開花時像一根沒有牙齒的狼牙棒，白色花如展翅的白蝴蝶，散發清香。蒴果橘黃色，成熟後3瓣裂，露出赤紅色的種子。

- **辨識重點** 植株高大，喜生長於水邊，具多片卵形覆瓦狀著生的大型苞片，白色花香氣濃郁。
- **別名** 穗花山奈、蝴蝶薑、白蝴蝶花、立芨、薑花。
- **喜生環境** 全島低海拔、水分充足處。

這不是真正的花瓣，而是由雄蕊特化而成

花瓣

花先藏在綠色的花萼筒內，再慢慢伸展出來

穗狀花序，頂生

120 至 150 公分

全株無毒性，芽與花都可食用，味道清香宜人。在苗栗內灣地區，常被用來包粽子。

分布 低海拔、平地	最佳觀察點 平溪、石碇水邊	花期 5月-12月	花色 白

爵床科 Acanthaceae

草本、灌木或藤本。單葉對生，無托葉。花兩性，常兩側對稱，排成總狀、穗狀、聚繖或頭狀花序，偶單生或簇生；花冠5裂，二唇形或裂片近相等；果實為蒴果，背裂成2瓣。本科植物大都生長在熱帶至亞熱帶的森林中，尤其是濕地或沼澤地區；其中較有名的經濟植物，包括馬藍，藍染的主要染料；穿心蓮，莖葉具清熱解毒功效。

屬名 針刺草屬	學名 *Codonacanthus pauciflorus* (Nees) Nees

針刺草

多年生草本，大都生長在森林邊緣，白色小花在陰暗角落特別顯眼。莖略被短柔毛；葉膜質，卵形至長橢圓形，全緣或波浪緣，上表面綠色，下表面白綠色，葉脈明顯。總狀花序頂生，花具短柄，白色花冠鐘形5裂，中央帶點紫色斑紋。蒴果褐色，倒披針形至橢圓形，內有種子4顆。

- **辨識重點** 葉卵形至長橢圓形，全緣或波浪緣；白色花瓣裡有紫色斑紋。
- **別名** 鐘刺草、抱莖蟑螂、鐘花草、鐘草花。
- **喜生環境** 較陰濕的闊葉林下、坡面。

幾乎全年都可看到開花，但以春季最常見。

20 至 30 公分

花軸深紫色，被柔毛

總狀花序頂生，花冠白色

莖直立，略被短柔毛

分布 全島低海拔山區闊葉林	最佳觀察點 木柵山區、二格山山區、陽明山山區	花期 11月-4月	花色 白

屬名 華九頭獅子草屬	學名 *Dicliptera chinensis* (L.) Juss.

華九頭獅子草

多年生草本，枝葉具解熱、消炎功效，主治肺炎、喉痛等症狀。莖近方形，表面有稜脊，莖上的節通常膨大。單葉對生，全緣，先端漸尖。花淡紫紅色，花瓣一大一小，很像獅子吼叫的模樣。繁殖速度快，常在短短幾個月內就長出一大片，所以也有人栽培成綠地植物。蒴果被柔毛，卵圓形，種子4。

- **辨識重點** 本種與同科不同屬的九頭獅子草（*Peristrophe japonica*），可用花辨別：本種花瓣無柔毛，通常沒斑點；九頭獅子草花瓣有柔毛及斑點，花蕊呈Y字型。
- **別名** 獅子花、金龍柄、狗肝菜、六角英、跛邊青。
- **喜生環境** 全日照、半日照草生地。

約30至50公分

平野常見的雜草，繁殖速度快，可作綠化植被用。

腋生花序，花瓣一大一小

葉緣全緣或微波狀

花冠紅紫色

莖節常膨大

分布 全島低海拔郊區，中、南部較多	最佳觀察點 各地低海拔郊區、公園、校園	花期 9月-4月	花色 粉紫

屬名 水蓑衣屬　　　　　　　　　學名 *Hygrophila pogonocalyx* Hayata

大安水蓑衣 特有種

多年生挺水性草本，台灣特有種。莖方形，
直立，莖節上密生刺毛。葉對生，紙質，
披針形至橢圓形，近全緣，兩面密生白色剛
毛。花無柄，簇生葉腋，花冠淡紫色，表面
散生紫色小點及腺毛。蒴果長紡錘形，種子
黑褐色。無性繁殖能力強，可藉由枝條蔓
延，不斷擴大族群。幼葉可供牛飼料及藥
用，近年來由於溝渠整治及民眾任意根除，
族群數量迅速減少。

約
50
公
分

- **辨識重點** 本種葉片上密被粗毛，粉紅色
  的花大而明顯，花萼上也布滿了毛。
- **別名** 竄心蛇、魚骨草、九節花、墨菜、
  水結仔、水菠菜。
- **喜生環境** 草澤、溝渠或農田濕地。

生長在水溝旁、池塘邊、濕地等靠近水
的地方，是台灣特有的水生植物。

花腋生，花
形大而明顯

葉對生，兩面
密生白色剛毛

莖方形，莖節上密生刺毛

分布 僅分布在苗栗至台中縣沿海一帶　最佳觀察點 高美沿海堤岸　花期 10月-次年2月　花色 淡紫

屬名 爵床屬	學名 *Justicia procumbens* L.

爵床

一年生草本。可當藥用,全草有清熱解毒、活血止痛的功效。莖直立或斜上,方形,被灰白色毛,基部多分枝。葉對生,卵狀橢圓形至長橢圓形,具短柄,全緣。穗狀花序生於頂端,花朵密集,淡紅紫色。蒴果長橢圓形,成熟為褐色;種子扁平,心形,褐色。

- **辨識重點** 葉片對生,沒有托葉,花瓣合生形成花冠,這是爵床科植物的主要特徵。在低海拔山野,爵床的花隨處可見。
- **別名** 鼠尾紅、鼠尾黃、小鼠尾紅。
- **喜生環境** 全島平地至山野、庭園、路旁、山邊向陽草叢中或群生。

約20至40公分

爵床常成片生長在草坪、路旁,性喜開闊向陽的環境。

花瓣上有紫紅色斑紋 ●

● 花瓣合生,形成花冠

● 葉對生,沒有托葉

莖綠色,被毛 ●

分布 中低海拔	最佳觀察點 平溪山區	花期 春季	花色 淡紅紫

屬名 紅樓花屬	學名 *Odontonema strictum* (Nees) Ktze.

紅樓花

來自中美洲的常綠灌木，長管狀的豔紅花朵，顯然是靠蝴蝶傳粉，因為經常開花，常常被當成校園裡的蜜源植物。莖枝自地下伸長，分枝少，植株呈叢生狀。葉對生，卵狀披針形，全緣。花頂生，花梗細長、赤褐色；穗狀花序紅色，花冠細筒狀，喉部稍見肥大。果為蒴果，棒狀。

- **辨識重點** 穗狀花序紅色，花細長筒狀。
- **別名** 紅筒花。
- **喜生環境** 森林邊緣。

約150至200公分

本種一般以扦插法繁殖，剪取較肥大的枝條，插在保濕的乾淨介質上即可。

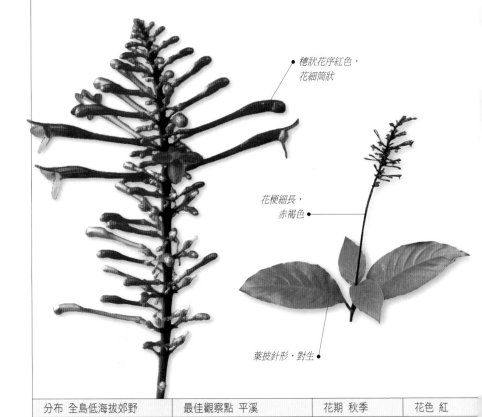

穗狀花序紅色，花細筒狀

花梗細長，赤褐色

葉披針形，對生

分布 全島低海拔郊野	最佳觀察點 平溪	花期 秋季	花色 紅

屬名 馬藍屬	學名 *Parachampionella rankanensis* (Hayata) Bremek.

蘭嵌馬藍

多年生草本，為台灣固有種植物。花期很長，盛開期為每年初夏，走在林道上，就可看到綻放滿地的淡紫色花朵，常為陰濕森林帶來溫馨的野趣。莖纖細，匍匐狀，常於下部節上長根。葉為單葉對生，葉片卵形，葉緣有不明顯鋸齒，全葉具茸毛。花單一頂生或腋生，花形呈筒狀，4裂。

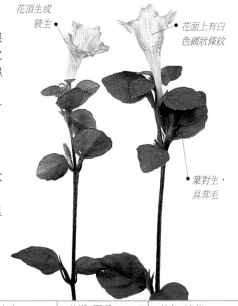

花頂生或腋生

花面上有白色網狀條紋

葉對生，具茸毛

- **辨識重點** 全葉具茸毛，鋸齒緣，羽狀脈；淡紫色的花瓣上具白色網狀脈。
- **別名** 小葉山藍、小葉馬蘭、小葉阿里山馬蘭。
- **喜生環境** 濕潤的森林底下或林道邊。

分布 全島中海拔山區	最佳觀察點 大屯山	花期 夏季	花色 淡紫

屬名 鄧伯花屬	學名 *Thunbergia alata* Boj. ex Sims

黑眼花

多年生宿根草花，原產於熱帶西非，本來引進作為觀賞用花卉，因氣候適合，已馴化呈野生狀態，目前在台灣中部、南部和東部低海拔山坡上經常可見。莖蔓纖細，表面有白色細毛茸，能攀附他物或匍匐地面生長。葉對生，菱狀心形或箭頭形，葉緣有不規則淺裂，雙面無毛。花鐘形，花冠5裂，橙黃色；花筒部分為圓形，紫黑色，因此得名。果實球形。

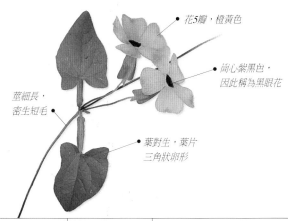

花5瓣，橙黃色

莖細長，密生短毛

尚心紫黑色，因此稱為黑眼花

葉對生，葉片三角狀卵形

- **辨識重點** 花冠呈短漏斗形，上緣5裂瓣，濃黃色，花心呈紫黑色。
- **別名** 翼柄鄧伯花、黃花山牽牛、異葉老鴨咀。
- **喜生環境** 林緣、綠籬或開闊草生地。

分布 低海拔、平地	最佳觀察點 台大農場	花期 夏至秋季	花色 橙黃；花筒中心紫黑色

屬名 馬藍屬	學名 *Strobilanthes formosanus* Moore

台灣馬藍  特有種

小灌木,為台灣特有種植物,大都生長在半日照的森林邊緣,尤其是在林相單純的森林邊緣。枝密被長硬毛;葉十字對生,草質,披針形,兩面密被長硬毛。聚繖花序,花冠筒狀,淺藍紫色,長而彎曲,是枯葉蝶及眼紋擬蛺蝶幼蟲的食草。

約90公分

台灣民間用藥,有清熱解毒、行血散瘀的功效,分布於台灣1000公尺以下山區。

- **辨識重點** 葉子摸起來毛毛粗粗的,而馬藍(*S. cusia* (Nees) Kuntze.)的葉子則是光滑無毛。
- **別名** 台灣曲蕊馬藍。
- **喜生環境** 半日照的林緣。

花冠筒狀,藍紫色

1-4朵聚生在枝頂

葉緣為起伏狀鋸齒緣

葉十字對生

分布 北部低海拔山區森林中	最佳觀察點 石碇山區	花期 冬至春季	花色 藍紫

獼猴桃科 Actinidiaceae

木質藤本或小灌木。單葉互生，螺旋狀排列，無托葉。花兩性或單性，聚繖花序或圓錐花序；萼片5，花瓣5；果實為漿果或蒴果。多數種的果實可食，如一般常吃的獼猴桃（奇異果），就是由中國特產的中華獼猴桃培育而成，不少台灣種類具有開發性，例如台灣羊桃就是非常甘甜的野生水果。

屬名 獼猴桃屬	學名 *Actinidia chinensis* Planch. var. *setosa* Li

台灣羊桃　特有種

落葉性藤本，台灣特有種。果實形狀、色澤及表皮上的毛茸，和進口的獼猴桃（奇異果）相似，成熟的果實非常美味，是登山客最佳的止饑甜果，同時也是松鼠、猴子的美食，採摘要趁早，不然會望著枝頭興嘆。莖長達8公尺以上，全株密被鏽褐色長剛毛；單葉互生，廣卵形或近圓形，先端短而突尖，基部心形，邊緣具細鋸齒。花雌雄異株，聚繖花序腋出，花淡黃色，具香味，雄花具多數雄蕊。漿果橢圓形，密被褐色粗毛，徑約3公分，成熟後變軟。

藤本

植株可長達10公尺以上，果實鮮食或製成果醬皆宜。

- **辨識重點** 全株密被鏽褐色毛；葉背網脈明顯，密被灰褐色星狀毛；漿果橢圓形，密被褐色毛茸。
- **別名** 羊桃藤、獼猴桃、獼猴梨、台灣獼猴桃。
- **喜生環境** 森林底下或林道邊。

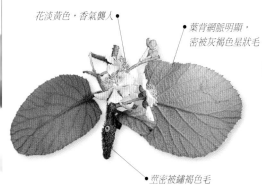

花淡黃色，香氣襲人

葉背網脈明顯，密被灰褐色星狀毛

莖密被鏽褐色毛

葉片廣卵形或近圓形，細鋸齒緣

分布 全島中海拔山區	最佳觀察點 梅峰山區	花期 春末夏初	花色 淡黃

屬名 水冬瓜屬	學名 *Saurauia oldhamii* Hemsl.

水冬瓜

常綠灌木，中低海拔的潮濕森林或溪谷旁經常可見。大型葉長滿褐色剛毛，夏季開粉紅色鐘形花，花小而可愛；秋季結白色多汁的漿果，味道香甜，是鳥兒的美味。中藥上有效用，嫩芽搗碎可用來治療跌打損傷，根煎服可治療感冒及熱病。全株密被紅褐色粗剛毛，一副猙獰模樣，有點像咬人狗，但不具傷害性。葉互生，橢圓形，葉緣具尖細鋸齒。花淡粉紅色，小型、腋出，花梗細長。漿果球形，直徑約1公分，熟時呈白色。

- **辨識重點** 枝有瘤狀斑點，常被鱗片；嫩枝被有紅褐色粗剛毛。
- **別名** 水冬哥、水管心、火筒棒、倒吊風、大冇樹。
- **喜生環境** 濕潤的森林中。

約100至200公分

分布於平地郊野至1700公尺中海拔的山區森林，果實甘甜，可當野外救荒野果及藥用。

花淡粉紅色

花梗細長

漿果球形，味道香甜

分布 全島中低海拔山區	最佳觀察點 北部低海拔山區林緣	花期 夏季	花色 淡粉紅

莧科 Amaranthaceae

本科多為草本或灌木，稀有喬木或藤本。單葉對生或互生，大都無托葉。花序聚繖、圓錐、頭狀或穗狀，花小，兩性或雜性；花被片3-5枚，略乾膜質。果實各型皆有。本科植物有多屬可當藥用植物，包括牛膝屬、青葙屬、蓮子草屬和莧屬等；也可供作蔬菜，如莧菜。

屬名 蓮子草屬	學名 *Alternanthera nodiflora* R. Br.

節節花

一年生草本，常常出現在農田邊、籬笆邊、水溝旁或庭園裡，一般人不太會注意到這種貌不驚人的小花小草。全株有毛，莖匍匐地上，基部多分枝，節上長根。葉線形對生，無柄或柄很短。花細小、白色，簇生於葉腋，呈頭狀花序。胞果倒卵形，灰棕色。

- **辨識重點** 顧名思義，本種每一節上都會開花，一團團的小白球兩兩對生在節上。
- **別名** 白花節節草、節節菜、狹葉滿天星。
- **喜生環境** 田野開闊地。

葉線形，對生

花為小形的離瓣花，頭狀花序

常在節處生根和開花

約30至60公分

本種較適合生長在稍微潮濕的環境，不定根很活躍，常形成小面積匍地族群。

全株微有毛

分布 全島低、中海拔田野	最佳觀察點 三峽	花期 幾乎全年開花	花色 白

屬名 蓮子草屬	學名 *Alternanthera philoxeroides*

空心蓮子草

常見的多年生草本，無毒性，因莖內部空心而得名。原產於中美洲，自入侵台灣後，現在於海拔2000公尺以下至平地都可見到，繁殖力極強，是一種不易除去的雜草，同時也是容易取得的救荒野菜。葉對生，倒披針形，主脈明顯，全緣且葉面光滑。聚成小圓球的穗狀花序，自葉腋抽出，雌雄同株，彷彿一個個白色小毛球長在綠色草叢中。果實為囊果，成熟時黑色。

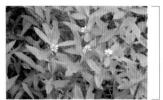

約15至25公分

長梗滿天星有群生特性，常大片大面積生長。

頭狀花序圓球形

- **辨識重點** 花是最大特徵，具有長花梗，這在台灣莧科滿天星屬植物中是異數，花謝後，花被片仍會留在植株上，像是一朵乾燥花。
- **別名** 長梗滿天星、水生花。
- **喜生環境** 海拔2000公尺以下至平地都可見。

分布 中海拔、平地	最佳觀察點 台北公館福和橋旁	花期 春季至夏季	花色 灰白

屬名 蓮子草屬	學名 *Alternanthera sessilis* (L.) R. Brown

蓮子草

一年生草本。莖上升或匍匐，多分枝，具縱溝，溝內有柔毛，節處有一行橫生柔毛，嫩莖葉可當救荒野菜，節處常長出不定根，所以繁殖迅速。單葉對生，無柄，葉條狀披針形或倒卵狀矩圓形，葉片形狀與顏色常因生長環境的濕度與溫度不同而有較多變化。頭狀花序1-4個腋生，球形或矩圓形，無總梗。台灣各地青草藥店的常用青草，由春至秋多用鮮品。

葉形與葉色經常會隨著生長環境不同而變化，也有全株紫紅色的

頭狀花序腋生

- **辨識重點** 節處膨大且有毛，常長出不定根。
- **別名** 紅田烏、滿天星、田邊草、旱蓮草。
- **喜生環境** 曠野路邊、水邊、田邊潮濕處。

分布 全島低海拔開闊地或潮濕地	最佳觀察點 台大校園農場	花期 夏、秋兩季	花色 白

屬名 莧屬	學名 *Amaranthus viridis*

野莧

常見的一年生草本，原產熱帶美洲，適應力極佳，在平地到處可見。莖直立，全株無毛，葉互生；多數小花組成穗狀花序，頂生或腋生。果實為胞果，球形。幼苗與我們常吃的莧菜幾乎無異，嫩莖葉可當救荒野菜，但味道較苦。

穗狀花序比刺莧短

- **辨識重點** 與本種近親刺莧（*A. spinosus* L.）外形相似，可在幾處區分：刺莧具芒刺，而本種無；刺莧的莖有稜，且為紫紅色，本種的莖為綠色；刺莧的穗狀花序較長。
- **別名** 綠莧、野莧菜、細莧、糠莧。
- **喜生環境** 平地，十分常見。

花密生，具脫落性毛

分布 全台低海拔、平地	最佳觀察點 一般低海拔地區平野	花期 幾乎全年	花色 綠

屬名 青葙屬	學名 *Celosia argentea* L.

青葙

一年生草本，生長快速且花色豔麗、花形特殊，常用於美化庭園，栽於花盆花台或插花。葉互生，全緣，披針形或橢圓形，花為穗狀花序，白色、粉紅或紫紅色，在屏東及台東地區的多為白色，花被膜質而有光澤。鮮嫩的芽、莖葉與花序都是不錯的野味，先汆燙再撈取瀝乾，素炒即可。果實為球形胞果，成熟後橫裂；種子扁圓形，黑色，是著名的民間藥。

花剛開時較豔麗，其後會逐漸轉淡

穗狀花序呈挺立的圓柱形

- **辨識重點** 花形像雞冠花，但本種的花序軸為圓柱火燄狀，沒有雞冠花的冠狀突起。
- **別名** 野雞冠、雞冠莧、草蒿、白雞冠。
- **喜生環境** 低海拔山區林蔭邊緣。

約 30 至 100 公分

本種由熱帶美洲引進，卻極適應台灣溫暖、潮濕和日照充足的氣候。

分布 平地、低海拔	最佳觀察點 河川地、旱地	花期 2月-11月	花色 白、粉紅、紫紅

夾竹桃科 Apocynaceae

多年生喬木、灌木、草本或藤本植物。本科植物通常含有乳汁，且大多數種類有毒，尤其是種子和乳汁的毒性最強。葉對生或輪生，稀互生；花兩性，通常很顯眼，輻射對稱，聚繖花序或總狀花序，果實為核果、漿果、蒴果或蓇葖果。種子常具絲狀毛。本書依照台灣維管束植物簡誌的處理，將蘿摩科（Asclepiadaceae）併入夾竹桃科，兩科共同特徵為葉對生或輪生，都具乳汁，夾竹桃科乳汁多半有毒，而蘿摩科的乳汁則多半沒有毒性。本科中還有幾種重要的藥用植物。

屬名 尖尾鳳屬	學名 *Asclepias curassavica* L.

馬利筋

多年生草本，莖節明顯，不具分枝或僅先端有分枝，全株有白色乳汁。葉對生，花多數，呈繖形狀聚繖花序，花朵造型特殊，裂片向上翻捲，中央有一層橘黃色的副花冠，非常顯眼。蓇葖果鶴嘴形，種子有白髮狀軟毛附著，便於飛行散布。全株有毒，但也是蝴蝶的食草和蜜源植物，尤其是樺斑蝶幼蟲的最愛，因為毒性會遺留在蟲體上，所以鳥類多半不敢捕食這類幼蟲。

- **辨識重點** 輪形花冠橙紅色，另外還有5瓣具「角狀突起」的橘黃色副花冠。蓇葖果也是一奇，咖啡色的種子具白色綿毛。
- **別名** 蓮生貴子花、蓮生桂子花、尖尾鳳、芳草花。
- **喜生環境** 公園、學校花園。

5枚副花冠橘黃色

花冠橙紅色

葉披針形，全緣

分布 低海拔地區	最佳觀察點 各地學校、公園	花期 4月-6月	花色 花冠橙紅色，副花冠橘黃色

| 屬名 牛皮消屬 | 學名 *Cynanchum boudieri* Lev & Van. |

台灣牛皮消

纏繞性半灌木，本省固有種植物，中部山區較多，為黑脈樺斑蝶幼蟲的寄主植物。花很特別，頗具觀賞價值，現在甚至被栽培成園藝觀賞植物。地下貯藏根塊狀，白色，可入藥，有「白首烏」之稱。葉膜質，單葉對生，葉表面微粗糙，卵心形，基部心形，葉腋處有時具托葉狀小葉。花8-20朵聚成繖形狀聚繖花序，腋生，花冠淡綠色。蓇葖果披針形，長約8公分，表皮密布縱向斑點，常成串生長，偶可見兩支長成對角狀。果成熟後縱裂，露出帶冠毛的褐色種子，逸出後可隨風飄遠。

- **辨識重點** 全株被有疏生短毛；葉卵狀心形；繖形花序，花白色，外部光滑，內部有細毛；蓇葖果披針形。
- **別名** 薄葉白薇、耳葉牛皮消、隔山消、白首烏。
- **喜生環境** 林道邊半遮陰的地方。

50公分或匍匐狀

本種喜生於向陽處，蔓延力強，可當成地表或坡面的保護植被。

葉面呈有光澤的綠色，背面淡綠色

花冠輪形，外面光滑無毛，內面密生細柔毛

葉對生，卵狀心形，細脈明顯

| 分布 台灣中部山區 | 最佳觀察點 梅峰地區 | 花期 夏季 | 花色 白 |

屬名 酸藤屬	學名 *Ecdysanthera rosea* Hook. & Arn.

葉對生，
先端短尾狀

葉片表面濃綠而有光澤

酸藤

夏天漸漸來臨時，有些綠樹頂上會披著紅髮，這紅色髮絲是由無數小花所串成，而且是爬覆樹頂的酸藤所開的花。常綠藤本，小枝纖細，幼嫩時呈淡紫紅色，以纏繞方式進行攀爬。葉對生，橢圓形，表面濃綠而有光澤，先端短尾狀，下表面蒼白色，側脈約6對，葉柄、中肋及側脈均略帶紫紅色，摘下葉片時切面會流出白色乳汁，葉可入藥，味酸，有清熱、解毒、消腫功效。聚繖花序呈圓錐狀排列，花數甚多，花冠淡紅色。

花數甚多，
花冠淡紅色

- **辨識重點** 「藤酸」是因為葉子有酸味，可摘一小片葉子嘗嘗，但植株有毒，吃多了會拉肚子。
- **別名** 白椿根、石酸藤、細葉榕藤、紅背酸藤、黑風藤。
- **喜生環境** 纏繞著樹幹向上生長。

分布 全島低海拔地區森林	最佳觀察點 二格山	花期 夏季	花色 紅

屬名 武靴藤屬	學名 *Gymnema sylvestre* (Retz.) Schultes

羊角藤

纏繞性木質藤本，早期分類屬於蘿摩科，現今歸入夾竹桃科。耐旱性強，大都生長在北部平野及山麓叢林中，對海邊環境亦頗適應，可作為低海拔的堤岸護坡及美化。莖圓柱形，具透明、無毒性的乳汁。葉對生，倒卵形，先端銳形至漸尖，基部鈍形，兩面光滑。腋生密繖狀聚繖花序，花冠鐘形，小花淡黃綠色，有香味。蓇葖果長卵形，種子有毛。

頂生花序繖形排列，
花冠淡黃綠色

葉對生，全緣

- **辨識重點** 木質的蓇葖果成熟時基部膨大，似羊角，表面具茸毛。
- **別名** 武靴藤、匙羹根藤。
- **喜生環境** 半陰性灌叢中。

分布 全島低海拔及海濱地區	最佳觀察點 北投軍艦岩	花期 3月-5月	花色 淡黃綠

屬名 毬蘭屬	學名 *Hoya carnosa* (L. f.) R. Br.

毬蘭

常綠攀緣性灌木，常於莖節上生根，是道地的台灣原生植物，喜歡生長在林下或林緣的陰濕處，通常攀緣在岩壁或樹幹上。葉對生，橢圓形，全緣，側脈不明顯，基部具2腺體。花肉質，具長梗，小花10數朵呈星狀簇生，花冠白色，密布茸毛；花心淡紅色，具厚蠟質，又稱蠟蘭。

星狀的副花冠，花心粉紅色

白色的花冠表面像是塗了一層臘

- **辨識重點** 莖呈蔓性，節間有氣根，能附著他物生長。繖狀花序排列如球狀，自葉腋處長出，香味清雅。
- **別名** 玉蝶梅、櫻蘭、鱸鰻耳、蠟蘭、天蝶梅。
- **喜生環境** 半日照林下樹幹上或石壁上。

攀緣性灌木

毬蘭的花有塑膠般的光澤，很多人也習慣稱之為「塑膠花」。

分布 低、中海拔森林邊緣	最佳觀察點 柴山、福山植物園	花期 夏、秋兩季	花色 白色，花心粉紅色

屬名 絡石屬	學名 *Trachelospermum gracilipes* Hook. f.

細梗絡石

攀緣性藤本，可在地面匍伏爬行，也會攀爬在其他植物上，是端紫斑蝶幼蟲的寄主植物。枝光滑，幼枝或略被淡褐色細毛。葉長橢圓形、對生，摸起來較厚，葉表面的葉脈有明顯的白色斑紋且略凹，折斷莖葉會有白色乳汁流出，乳汁有毒。花為頂生聚繖花序，花冠白色，花冠筒頂端開裂，各裂片相疊，做迴旋狀排列，具芳香；蓇葖果細長，成熟時開裂，散生出具白色種髮的扁平線形種子。

花冠裂片呈迴旋狀排列

葉表面的葉脈有明顯的白色斑紋

- **辨識重點** 開像風車的螺旋狀白色花朵。本種與絡石（*Trachelospermum jasminoides* (Lindl.) Lem.）的主要區別是本種葉片光滑，而絡石葉片有細毛。
- **別名** 台灣白花藤、鹽酸仔藤。
- **喜生環境** 草原或路旁。

分布 全島低海拔山區或近海岸地帶	最佳觀察點 大屯山	花期 3月-5月	花色 白

屬名 歐蔓屬	學名 *Tylophora ovata* (Lindl.) Hook. *ex* Steud.

歐蔓

木質藤本，植株細弱，全株有短柔毛。無主根，白色鬚根叢生，根含生物鹼，可入藥，俚醫用以治療哮喘。單葉對生，具葉柄，卵狀披針形，全緣，兩面均被毛。繖形花序，花小型，花冠帶紫褐色、星形。果為蓇葖果，兩兩對生，向左右兩邊岔開，相當特殊。果實包覆白色毛絮的種子，開裂後種子會隨風飄送。

- **辨識重點** 成熟葉卵形或披針狀卵形，具突尖頭（或急尖頭）；葉基部為心形。蓇葖果形似羊角，兩兩對生，張開近180度，成熟時木質化。
- **別名** 多鬚公、卵葉娃兒藤、娃兒藤、白龍鬚、哮喘草、三十六蕩。
- **喜生環境** 林緣或灌叢中。

蔓性

本種為琉球青斑蝶及姬小紋青斑蝶幼蟲的食草。

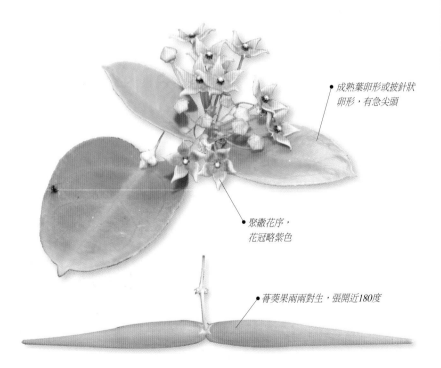

成熟葉卵形或披針狀卵形，有急尖頭

聚繖花序，花冠略紫色

蓇葖果兩兩對生，張開近180度

分布 低海拔郊野、淺山或海濱的灌叢中	最佳觀察點 台北木柵動物園	花期 3月-9月	花色 暗紫紅

冬青科 Aquifoliaceae

灌木或小喬木，大都為常綠性，寒冬時節仍然青綠不落葉，因此得名。葉多為單葉互生，大都無托葉。花小型、腋生，多為單性花；果為核果。本科植物的葉和紅色果實極具裝飾性，歐美人士常用於聖誕裝飾。一般採扦插繁殖，因為種子通常要經過小鳥食道消化後才容易發芽。

屬名 冬青屬	學名 *Ilex asprella* (Hook. & Arn.) Champ.

燈稱花

落葉小灌木，見到它開花，就表示夏天來了。開花時，全株布滿密密麻麻的小白花，花梗細長，猶如吊著滿樹的小星星。雖然花形小，但因生長在陰暗的林下，更顯明亮。分枝多，小枝具白色皮孔，光滑而呈暗紫色。葉膜質或紙質，單葉互生，葉緣為細鋸齒緣，上表面疏被剛毛，粗糙；下表面光滑。花白色，花梗纖細。果實為核果。

- **辨識重點** 枝條上有明顯的皮孔，早期曾作為秤錘度量的間隔。核果球形，外有縱溝，熟時黑色。
- **別名** 烏雞骨、釘秤花、萬點金、山甘草、燈絲仔、檀樓星、梅葉冬青。
- **喜生環境** 森林裡或林道邊。

葉的兩面都是油亮的綠色 ●

葉膜質或紙質，葉緣為細鋸齒緣

核果球形，熟時黑色 ●

密密麻麻的小白花，花梗細長 ●

分布 全島低海拔森林	最佳觀察點 大屯山	花期 夏季	花色 白

馬兜鈴科 Aristolochiaceae

大部分是蔓生灌木，稀為直立矮小草本，主要分布於熱帶或亞熱帶地區。單葉有柄，互生，無托葉，通常為全緣。花單生或成總狀花序，腋生或叢生於老枝上，有小梗，具兩性，左右相稱，稀放射相稱。蒴果為胞間開裂，或作降落傘狀自基部向上開裂；種子多數，形態不一。

| 屬名 細辛屬 | 學名 *Asarum macranthum* Hook. f. |

大花細辛 特有種

多年生宿根草本，台灣特有種，分布於全島低至中海拔森林。花從地下莖長出來，通常在開花期間，要從植物基部撥開層層落葉，才能發現不甚起眼的花。匍匐根狀莖光滑，淺黃色，有多數肉質根。頂端通常生2葉，葉長橢圓狀三角形，上表面灰綠色，有白色或黃綠色斑紋，並有稀疏的短柔毛；下表面紫色，或僅葉脈處紫色。細辛屬的花沒有花瓣，由3片肉質萼片聚生成壺狀的萼筒，下半部完全合生，萼片內面密生毛。

- **辨識重點** 葉片揉之有檳榔味；暗紫色的花貼地生長。
- **別名** 花臉細辛、馬蹄香、花葉細辛、大花杜衡、下花細辛。
- **喜生環境** 森林底層。

葉三角形，上表面有斑紋

下表面的葉脈紫色

長長的葉柄有紅褐色斑紋

花暗紫色，貼近地面

肉質萼片聚生成壺狀的萼筒

| 分布 全島低、中海拔的森林底層 | 最佳觀察點 大屯山森林底層 | 花期 春季 | 花色 暗紫 |

鳳仙花科 **Balsaminaceae**

多汁草本。單葉通常互生，偶輪生或對生，無托葉，有些在葉柄上有一對腺體。花兩性，單生或成聚繖狀或總狀花序；花朵下的萼片，會延長成一根長長的花「距」，內有蜜腺；果實為蒴果或漿果狀的核果。台灣只有1屬3種。有許多外來種類為觀賞花卉，如鳳仙花，成熟果實一經碰觸會彈出種子。

屬名 鳳仙花屬	學名 *Impatiens devolii* Huang

棣慕華鳳仙花　特有種

台灣原生的鳳仙花共有1屬3種，除本種外，還有黃花鳳仙花及紫花鳳仙花（見68頁），三者都是台灣特有種。本種是鳳仙花家族中個子最高，但數量及分布最少的一種，全世界僅在台灣的雪霸國家公園觀霧地區有分布，相當珍貴。葉橢圓至長橢圓形，葉面無毛，葉緣鋸齒上側（齒凹處）有1緣毛，先端尾尖。總狀花序一次可開3-6朵花，花距較直，末端不裂，花冠淡紫紅色。

- **辨識重點**　鳳仙花科的花朵，都是由3枚花瓣和3枚萼片組成，萼片下方演化成筒狀，並演化出儲存花蜜的花距，以吸引昆蟲鑽進去吸蜜時，能同時幫忙授粉。
- **喜生環境**　潮濕處或小山溝中。

花由3枚花瓣和3枚萼片組成

儲存花蜜的花距

總狀花序一次可開3-6朵花

葉橢圓形至長橢圓形

30至50公分

僅分布於觀霧山區，群聚生長在林道或步道旁，屬於保育類植物。

分布 全島中海拔山區	最佳觀察點 觀霧	花期 夏季	花色 紫紅

屬名 鳳仙花屬	學名 *Impatiens tayemonii* Hayata

黃花鳳仙花 特有種

多年生直立草本，台灣特有種，只分布在中、北部中高海拔潮濕處，例如大屯山、拉拉山、思源埡口及觀霧等山區。每年盛夏時節開花，常呈大片族群散落。葉橢圓狀披針形，葉面無毛，先端漸尖。花通常單生葉腋，黃色花上有紅紋圈，裡面帶紅或粉紅色斑點，尾距為倒鉤狀。綠色蒴果細長，碰觸時會快速捲裂而彈出種子。

- **辨識重點** 花距為倒鉤狀，鮮黃色花上有紅紋圈，花形像懸吊的小船。
- **喜生環境** 潮濕處或小山溝中。

尾距呈倒鉤狀

黃色花上有紅紋圈

葉橢圓狀披針形，鋸齒緣

分布 全島低、中海拔山區	最佳觀察點 觀霧	花期 夏季	花色 黃

屬名 鳳仙花屬	學名 *Impatiens uniflora* Hayata

紫花鳳仙花 特有種

台灣分布最廣的一種鳳仙花，生長在低中海拔潮濕處或小山溝中。台灣本土所產的三種鳳仙花大都在夏天開花，其中又以本種最早報到，約在5月左右就開始綻放。單葉互生，葉面具剛毛，披針狀形，先端漸尖或尾尖。花通常單生或2朵腋生，花冠基部具有倒鉤狀的花距，花冠內會有紫色或黃色斑點。

- **辨識重點** 花淡紫色，喉部具黃色斑塊及粉紅色斑點，花冠基部有倒鉤狀的花距，因花形似飛船而有「單花吊船花」別名。
- **別名** 單花鳳仙花、吊船花、單花吊船花、單花野鳳仙。
- **喜生環境** 潮濕處或小山溝中。

花粉紫色

花冠基部有倒鉤狀的花距

節上生葉

葉面有毛，與其他兩種鳳仙花不同

分布 全島低、中海拔山區	最佳觀察點 觀霧	花期 夏季	花色 粉紫

落葵科 **Basellaceae**

蔓性肉質藤本，有黏液，光滑或近光滑，台灣僅2屬2種。單葉，互生或近對生，無托葉。穗狀、總狀或圓錐狀花序，花多兩性，放射對稱；花被片2輪，外輪2枚，內輪5枚，下半部合生。果為胞果，由肉質花被片包圍。肉質葉可充作蔬菜或藥用，因為病蟲害少，台灣民間常種植於庭院圍牆或屋頂，採摘葉子當菜蔬。

屬名 落葵薯屬	學名 *Anredera cordifolia* (Tenore) van Steenis

洋落葵

多年生蔓性肉質藤本，全株光滑無毛。原產地在巴西，現在台灣各地均有栽培，且已逸為野生，用莖藤上的瘤塊狀珠芽就能繁殖。基部簇生肉質根莖，常隆起裸露地面，根莖及其分枝具頂芽和螺旋狀著生的側芽，芽具肉質鱗片。葉互生、心形，花為淡淡的黃白色，老莖會結瘤狀的零餘子（珠芽）。肉質狀嫩葉和嫩莖可供食用，「炒川七」即是深受歡迎的一道野菜，味道微苦。漿果球形，呈紫黑色，但結果率低。

蔓性肉質藤本

洋落葵開長穗狀的白色花序，適合作蔓籬、蔭棚的攀爬植物，也可作藥用或當野菜。

- **辨識重點** 植株全株平滑，老莖葉腋處會長出瘤塊狀的「珠芽」，可進行無性生殖。
- **別名** 藤三七、雲南白藥、土川七。
- **喜生環境** 平地栽培。

花為淡淡的黃白色

葉卵圓形或披針形，肥厚多汁

老莖會結瘤狀的零餘子（珠芽）

分布 全島各地平野	最佳觀察點 各地鄉下蔓籬	花期 秋天	花色 白

屬名 落葵屬	學名 *Basella alba* L.

落葵

多年生草本植物，原產地為熱帶非洲，歸化後廣泛
分布於低海拔地區，常攀附在戶外牆上或圍籬邊，
耐熱、耐濕，對環境適應性強，隨便剪下一段莖都
能繁殖。營養成分高，素炒、炒肉絲、煮湯均很可
口，炒食前先以滾水汆燙1、2分鐘，除去黏性野
味。莖幼時或被毛，成熟後莖葉肉質，光滑柔軟。
葉互生、有柄，卵形或圓卵形，葉緣無缺刻，葉脈
明顯。穗狀花序，成株在天氣轉涼的短日季節，自
葉腋生出肉質小花，花黃白色至紫紅色。果為漿
果，未熟時綠色，成熟後紫黑色。

蔓性

- **辨識重點** 莖肉質、光滑柔軟，可直立伸展，亦
  可沿支柱蔓生。肉質小花，黃白色至紫紅色，無
  花梗及花瓣。
- **別名** 皇宮菜、御菜、胭脂菜、牛皮凍。
- **喜生環境** 路旁、荒地和庭園裡。

分枝多、生長快速，目前台灣栽培
的品種有綠色種及紫色種兩種。

漿果未熟時綠色，
成熟後紫黑色

肉質小花，
黃白色至紫紅色

葉卵形或卵圓形，葉緣無缺刻，
有10條明顯葉脈

分布 平地	最佳觀察點 雲林縣二崙鄉及嘉義縣新港鄉	花期 夏、秋兩季	花色 黃白至紫紅

秋海棠科 Begoniaceae

肉質草本，根呈地下莖狀。單葉互生，罕對生，全緣、具齒或分裂，基部歪斜，兩側常不對稱。花單性，雌雄同株，輻射對稱或兩側對稱，常簇生或成聚繖花序，莖常有節。果實為蒴果或漿果，有些具翅。已栽培出秋海棠屬的許多品種和雜交種，作為觀賞花卉。

屬名 秋海棠屬	學名 *Begonia formosana* (Hayata) Masamune

水鴨腳　特有種

多年生肉質草本，為台灣特有種植物，分布在全島低海拔山區。莖節膨大泛紅色，莖光滑多汁且柔軟，可作為登山解渴的聖品，食之有微酸味，為陽明山園區陰濕環境的代表性植物之一。具橫走地下莖；葉呈卵形，單葉互生，葉柄很長，不規則疏齒緣，上表面略或被粗毛，有時會有一些白斑。花腋生，由3-4朵呈聚繖花序，雌雄同株異花，雄花粉紅色，花被片4，外輪2，闊長橢圓形，雌花具5花被片。蒴果具3翅，其中一翅特長。

- **辨識重點** 葉片歪斜不對稱，長得像鴨子的腳掌，因而得名。花為單性，雌雄同株異花。
- **別名** 裂葉秋海棠、台灣水鴨腳、白斑水鴨腳、白斑水鴨腳秋海棠。
- **喜生環境** 陰濕處。

30至60公分

台北近郊山區常見，夏天走在山林間，常可發現潮濕的山壁處開出一朵朵嬌嫩的粉紅花。

雌花有5枚花瓣

雄花有4枚花瓣，花心是黃色的雄蕊

葉片歪斜不對稱，葉子的形狀就像鴨腳一般

葉緣鋸齒狀

分布 中低海拔陰濕闊葉林下或水源處	最佳觀察點 大屯山蝴蝶花廊	花期 夏、秋兩季	花色 粉紅

紫草科 Boraginaceae

單 葉互生，少數對生，無托葉，通常被有糙毛或剛毛，毛基部通常具鈣化細胞。花通常聚成蠍尾狀總狀花序或聚繖花序，很少有單生者；花冠管狀或漏斗狀，萼與花冠常5裂；果實為核果或2-4小堅果。種類不多，分布也不廣，花不豔麗，並不引人注意，但特殊的花序偶爾會讓人覺得特別而多看一眼。

屬名 天芹菜屬	學名 *Heliotropium indicum* L.

狗尾草

一年生直立草本，生性喜好陽光和鹼性土壤，常生長在開闊的路旁或荒廢地。全株密被粗毛，有特殊味道。葉片卵形多皺摺，互生至近對生，葉脈明顯。花瓣淡紫色至白色，穗狀花序頂生或與葉對生，花序很長，末端捲曲有如一隻毛毛蟲，花密生在花軸上，由下部漸漸往上綻放。果為蒴果，由兩枚小核果合生而成。

- **辨識重點** 葉片皺縮如蟾蜍的表皮；花也十分特別，小花只長在花軸上側，且末端捲曲如蠍尾，或「耳鉤」。
- **別名** 大尾搖、狗尾蟲、蟾蜍草、耳鉤草、肺炎草、金耳墜、蝦蟆草。
- **喜生環境** 田間、園圃、山野開闊地。

花瓣淺紫色或近白色

密生小花只長在花軸上側，由下逐漸向上開放

10至20公分

據說將狗尾草搗碎外敷，是很好的消腫藥。

葉片皺縮狀，鈍鋸齒緣或波狀緣

分布 中南部及東部的平地至低海拔山區	最佳觀察點 台南田野	花期 5月-11月	花色 淺紫或近白色

屬名 附地草屬	學名 *Trigonotis elevatovenosa* Hayata

台北附地草　特有種

多年生草本，多分布在北部中高低海拔山區。開花時，常常開滿一整片濕潤的邊坡。花鮮明又多，很容易發現，南山到武陵的路邊特別多。全株有毛，葉橢圓形，先端圓形、常凹缺，葉緣平直或皺波狀，中肋在上表面突起而在下表面凹陷。花瓣白色，5或6枚。

- **辨識重點** 本種與同為台灣特有種且同屬的台灣附地草（*T. formosana* var. *formosana*）近似，唯後者的葉形較長且葉基較尖，花白色至淡藍色，主要分布於中部及南部。
- **喜生環境** 濕潤的邊坡開闊地。

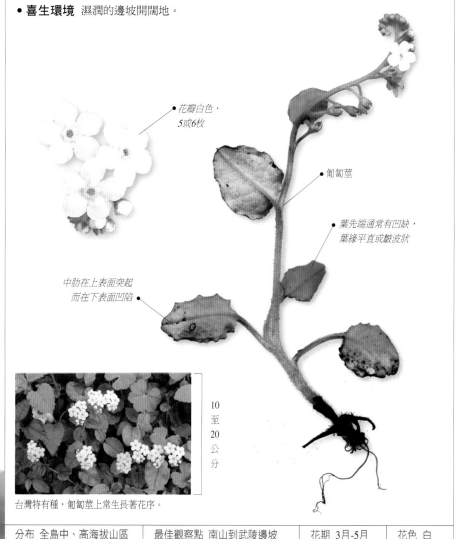

花瓣白色，
5或6枚

匍匐莖

葉先端通常有凹缺，
葉緣平直或皺波狀

中肋在上表面突起
而在下表面凹陷

10
至
20
公
分

台灣特有種，匍匐莖上常生長著花序。

分布 全島中、高海拔山區	最佳觀察點 南山到武陵邊坡	花期 3月-5月	花色 白

十字花科　Brassicaceae (Cruciferae)

本科全世界超過300屬3000多種，大都為一年、二年或多年生草本，很少呈亞灌木狀，在台灣有12屬19種，栽培蔬菜以蕓苔屬及蘿蔔屬最重要。葉分基生葉及莖生葉，基生葉蓮座狀，莖生葉互生，沒有托葉，單葉或羽狀分裂，葉通常有辣味。花兩性，花瓣4枚，果為角果。本科有很多蔬菜和油料作物，在野外也有很多蜜源植物。

屬名 碎米薺屬	學名 *Cardamine flexuosa* With.

焊菜

一年或二年生細小的草本，廣泛分布在北半球溫帶，為全島平野常見雜草。葉片為紋白蝶幼蟲的食物，可當野菜食用，嫩苗經水汆燙後，如一般蔬菜煮食，炒肉絲或煮湯，滋味均佳。莖自基部處多分枝，下端通常被毛，羽狀複葉，側生羽片3至6對，頂裂小葉最大。總狀花序，花白色；角果線形。

- **辨識重點** 成熟的果實黃色，輕輕碰一下，兩邊果皮會由下往上捲，速度很快，常可將種子與果皮彈出去。
- **別名** 小葉碎米薺、碎米薺、葶菜。
- **喜生環境** 潤濕的水田地、路旁潮濕地。

春至秋季開白花，花瓣4枚

角果線形

羽狀複葉，側生羽片3至6對

全島平地至山區的水田、溝渠或各類濕地環境普遍可見，植株經常沉浸在流水中生長。

20至30公分

分布 全島低海拔	最佳觀察點 二格山路邊	花期 春至秋季	花色 白

屬名 蕓苔屬	學名 *Brassica campestris* L. var. *amplexicaulis* Makino

油菜

一年生草本，在台灣東部，夏季的綠肥植物多用太陽麻，冬季則大都種植油菜，種類可分為大油菜（西洋油菜）及小油菜（中國油菜）兩種。本省栽培者多為小油菜，植株及種子均較小，適應性大，耐鹽又耐寒，為台灣冬季最主要的綠肥作物，種子可供作食用油原料，莖葉可作蔬菜及飼料。淺根性，鬚根發達，再生力強。葉倒卵形或橢圓形，葉全緣、波狀或有鋸齒。總狀花序，完全花，花冠金黃色，花瓣4枚，形成十字形，元旦過後開花，鮮黃耀眼的花海，常吸引遊客駐足觀賞。

- **辨識重點** 葉似菠菜，色深綠；花金黃色，花瓣4枚，雄蕊4長2短。
- **別名** 菜籽、油菜籽。
- **喜生環境** 排水良好的肥沃土壤。

總狀花序，花冠金黃色

葉似菠菜，倒卵形或橢圓形

50至100公分

台灣中、南及東部在冬季休耕期，常大量栽種於田間供食用及綠肥用。

分布 全島低海拔開闊農田 ｜ 最佳觀察點 銅鑼、三義到后里沿線及東部花蓮195號縣道、花東縱谷 ｜ 花期 冬季 ｜ 花色 金黃

屬名 獨行菜屬	學名 *Lepidium virginicum* L.

獨行菜

一年生草本，嫩葉可當野菜食用。全株近無毛至密被毛，莖上部具有多數分枝。葉互生，基生葉羽裂，長橢圓狀披針形，多數平鋪地面，深鋸齒緣或全裂；莖生葉較小且幾乎無柄，愈上方者漸小，且漸趨全緣。角果先端凹入。

- **辨識重點** 結果時有好多果序，掛滿了心形角果，數量頗豐，一眼就可以認出。
- **別名** 小團扇薺。
- **喜生環境** 稍微陰濕的地方。

花綠白色，排成總狀花序

一年生低地雜草，結果時，植株掛滿了心形角果，很容易辨識。

20 至 80 公分

分布 中、北部的平野及海濱	最佳觀察點 台大後山農場	花期 春季	花色 綠白

屬名 葶藶屬	學名 *Rorippa indica* (L.) Hiern

山芥菜

多年生草本植物，與我們平日熟悉的白菜、甘藍、花椰菜等蔬菜都是十字花科植物，在田野、庭園、路旁、菜圃等地不難發現其蹤跡。青翠的嫩葉經開水氽燙後，是一道美味的野菜。全株光滑無毛，葉互生，根生葉幾乎平貼地面，莖生葉披針形。總狀花序生於枝端，十字花冠為鮮黃色，花瓣狹倒卵形。果實為長角果，種子細小。

- **辨識重點** 長長的角果是最主要的辨識特徵。
- **別名** 葶藶、白骨山葛菜、甜葶藶、丁藶、麥藍菜。
- **喜生環境** 全島中低海拔、空曠地。

十字花冠鮮黃色

葉有兩型，根生葉及莖生葉

總狀花序著生枝端

莖綠色或紅色

分布 低海拔、平地	最佳觀察點 台大後山農場	花期 春、夏兩季	花色 黃

桔梗科 Campanulaceae

在 台灣大都為草本，莖葉折斷後一般會流出無毒的白色乳汁。單葉互生，少數對生，無托葉。花單生，或排成聚繖、總狀或圓錐花序，花兩性，具小花梗；花冠多為鐘形，常5裂。果實為蒴果或漿果。本科植物主要為藥用，有許多著名中藥材，如黨參、桔梗及半邊蓮等。

| 屬名 土黨參屬 | 學名 *Cyclocodon lancifolius* (Roxb.) Kurz |

台灣土黨參

多年生草本。塊狀根肥厚，可供藥用，治療氣虛和腸絞痛等症狀。莖直立或斜生，無毛。葉披針形，對生，具短柄，基部圓或楔形，細鋸齒緣。花長在葉柄基部，花柄很長，花萼6裂，裂片羽狀；花冠裂片6，白色。漿果扁球形，果面有約10條的凹陷縱紋，果底有6條魚翅狀翼翅，又叫蜘蛛果，成熟時由紅紫色變成黑色。

- **辨識重點** 花形特別又有趣，裸露在外的子房上頂著花冠、花柱與雄蕊，下襯著細長又具銳齒的萼片，開花數雖不多，但鮮明的白花令人印象深刻。

- **別名** 金錢豹、黨參、砂參、紅果參、蜘蛛果。

- **喜生環境** 低海拔山區林蔭邊緣。

花長在葉柄基部，花柄很長

葉對生，細鋸齒緣

30至60公分

生於台灣全境低海拔林緣或草生地陰涼處，花形及果形都很特殊。

| 分布 低至中海拔山區 | 最佳觀察點 深坑、石碇山區 | 花期 9月-12月 | 花色 白 |

| 屬名 山梗菜屬 | 學名 *Lobelia chinensis* Lour. |

半邊蓮

多年生草本，全株光滑無毛，有乳汁。開花時，花冠只有一般花朵的一半，外形又和蓮花花瓣相似，因此得名。莖細長，斜倚狀或匍匐狀，節處會長根。葉互生，線狀披針形，細鋸齒或近於全緣，無柄。花單生葉腋，花梗細長，花冠不整齊，呈白色、淡粉紅或淡紫紅色，裂片5枚，花絲結合成筒，聚藥雄蕊。果實為蒴果，圓錐形，種子數目可觀。

- **辨識重點** 花形像蓮花，花冠只長半邊，像是削掉了一半。
- **別名** 水仙花草、細米草、急解索、鐮刀草、半邊花。
- **喜生環境** 低海拔水溝邊及潮濕處。

10至20公分

半邊蓮屬於濕生植物，台灣全島平地到低海拔濕地經常可以發現。

開花時，花冠只長半邊

莖光滑細長，節處會長根

葉互生，線狀披針形

| 分布 低海拔、平地 | 最佳觀察點 台大後山農場 | 花期 春季 | 花色 白至淡紫紅 |

屬名 山梗菜屬	學名 *Pratia nummularia*

普剌特草

多年生草本，經常爬伏在田埂或山徑邊坡上。莖匍匐狀；葉互生，心形，鋸齒緣。花很小，淡粉紅色，單生於葉腋，雌雄同株；花冠唇形，上唇2裂，下唇3裂。漿果橢圓形，很像小秤錘，嘗起來脆脆又帶點甜甜的野味，熟時呈深紫紅色。結果時，會看到滿滿的果實，甚是可愛，可當野果食用。全株具解毒、解熱的功效。

心形葉
鋸齒緣

花小，
淡粉紅色

莖匍匐，
被柔毛

- **辨識重點** 大小只有指甲般的小花不對稱；果成熟時為紫紅色，形狀有點像秤錘。
- **別名** 米湯果、銅錘草、銅錘玉帶草、老鼠拉秤錘、普拉特草。
- **喜生環境** 潮濕的邊坡。

蔓性

紫色的成熟漿果，多汁可食，7月至9月為熟果期。

分布 低至高海拔的潮濕山坡地	最佳觀察點 潮濕的邊坡	花期 4月 - 8月	花色 淡粉紅

屬名 蘭花參屬	學名 *Wahlenbergia marginata* (Thunb.) A. DC.

細葉蘭花參

多年生草本，植株非常細小，若是不開花，還真難在雜亂叢生的草堆中發現它的蹤跡。根粗大，肉質性，有治療肺部疾病的功效。莖纖細直立，分枝多。葉有兩型，都不具葉柄，基生葉倒披針；莖生葉線形，互生。花頂生或腋生，單立，具長梗，紫藍色，漏斗狀，5深裂。蒴果倒圓錐形，成熟後為褐色；種子多數，小而扁平。

花瓣紫藍色

花梗長

10
至
40
公
分

- **辨識重點** 葉有兩型，基生葉倒披針，莖生葉線形。具有5片紫藍色的花瓣。
- **別名** 蘭花參、蘭花草、細葉砂參、細葉土砂參、娃兒菜、雛桔梗。
- **喜生環境** 草生地或開闊地。

低海拔的路旁、旱田經常可見，生長於草生地或開闊地上。

分布 低海拔至高海拔地區	最佳觀察點 石碇二格山	花期 4月 - 10月	花色 紫藍

忍冬科 Caprifoliaceae

本科植物幾乎遍布全世界，僅熱帶地區和南部非洲沒有發現，以盛產觀賞植物著稱。莢蒾屬、忍冬屬及六道木屬等，都有漂亮的庭園觀賞花木。本科大都為藤本植物或灌木，少數種類為草本或喬木。葉大都對生，單葉或羽狀複葉。花兩性，花冠合瓣，5裂瓣。果實為漿果，也有蒴果或核果。

屬名 忍冬屬	學名 *Lonicera japonica* Thunb.

忍冬

多年生的常綠性藤本植物，分布於全島低海拔山野，未開的花蕾採下晾乾，即為著名中藥材，有清熱解毒、消炎退腫的功效。全株生有柔毛；葉對生，橢圓形，到了冬天也不凋謝，因此得名。花也成對著生，常散發淡淡幽香，花冠分裂成二唇形，並向外反捲，小蕊細長，伸出花筒之外。秋、冬季結黑色的球形果實。

- **辨識重點** 花初開時白色，然後逐漸轉黃而至凋萎，因此枝頭上總見得到黃、白花共存的情形，這便是別名「金銀花」的由來。
- **別名** 金銀花。
- **喜生環境** 森林邊緣乾燥環境。

花初開時為白色，漸轉為黃色

藤本

全株生有柔毛

葉對生，橢圓形

本種是某些蛺蝶幼蟲食草，花也是很好的蜜源植物。

分布 平地到海拔1500公尺以下森林	最佳觀察點 柴山	花期 春季	花色 黃、白

屬名 接骨木屬	學名 *Sambucus chinensis* Lindl.

冇骨消 特有種

多年生亞灌木，為台灣特有種植物。因為莖髓鬆軟或中空而稱「冇骨」，「消」則是和用來治療跌打損傷及消炎有關。本種對動物有多種功用：花序間有黃色杯狀蜜腺，是昆蟲極重要的蜜源植物；果實熟時橙紅色，可以提供鳥類食物；熟果、嫩葉是野外求生食物；莖、葉可當藥草，葉子用以治療淋病，莖則有清涼解毒的功效。莖直立而多分歧，高1-3公尺。葉對生，奇數一回羽狀複葉，小葉2-3對，狹披針形，邊緣有細鋸齒。複聚繖花序頂生，花數極多，花朵白色，非常細小。核果呈漿果狀，球形，熟時紅色，十分亮眼。

100 至 200 公分

冇骨消為台灣特有種植物，開花時常會吸引群蝶飛舞取蜜。

- **辨識重點** 全株光滑，有腥臭味。小小的白花長成一大片的聚繖狀花序；成熟的小核果亮紅色。
- **別名** 台灣蒴藋、七葉蓮、陸英、接骨草、七珊瑚花、丸仔草。
- **喜生環境** 山野路旁向陽處。

成熟的小核果亮紅色

複聚繖花序頂生，花數極多

葉對生，奇數一回羽狀複葉

分布 低、中海拔開闊地	最佳觀察點 大屯山山野路邊	花期 4月-9月	花色 白

石竹科 Caryophyllaceae

一年或多年生草本，少數為木本，但地上部分每年枯死，或地下有木質根莖存留，莖和分枝在節部通常膨大。單葉對生，偶有輪生，全緣。花多為兩性花，單生或二叉聚繖花序，花瓣常有裂瓣或成爪狀，果實多為蒴果。本科植物全世界有80屬，台灣有9屬17種。石竹屬有多種具園藝觀賞價值的植物，例如母親節的應景花卉康乃馨。

屬名 卷耳屬	學名 *Cerastium arisanensis* Hayata

阿里山卷耳 特有種

多年生草本，為台灣特有種植物。不開花時，不太容易發現，一旦進入花開季節，潔白可愛的小花則令人驚豔。花瓣5枚，每枚花瓣的前端內凹。莖伏臥或上升，幼嫩部分被細毛，節處容易長根。單葉對生，葉柄長，葉片圓三角形，上表面光滑或有少許毛，下表面疏被毛。聚繖花序，頂生或腋生。

- **辨識重點** 每朵花的基部都襯著綠白色花萼，是辨認特徵。
- **別名** 阿里山繁縷。
- **喜生環境** 半日照路旁。

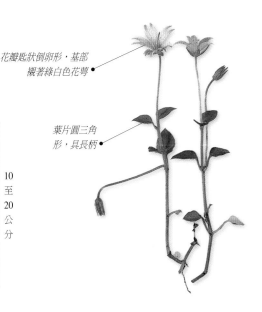

花瓣匙狀倒卵形，基部襯著綠白色花萼

葉片圓三角形，具長柄

10 至 20 公分

多年生草本，產於台灣中海拔森林，為特有種。

分布 海拔1200-2900公尺山區	最佳觀察點 阿里山森林遊樂區	花期 夏、秋兩季	花色 白

屬名 卷耳屬	學名 *Cerastium fontanum* Baumg. var. *angustifolium* (Franch.) Hara

卷耳

一年至二年生草本，全株被有腺毛。早春時節，常在各地的花圃角落或野外草地上，發現小白花的蹤跡。花小巧潔白，長在綠油油的草地上，非常顯眼。莖多分歧，直立或匍匐狀；葉倒卵形，單葉對生，無柄。聚繖花序頂生，白色花瓣橢圓形，萼片兩面被毛。

- **辨識重點** 全株密被腺毛。
- **別名** 婆婆指甲草。
- **喜生環境** 陰濕草地上。

50
公
分

全島低至中海拔地區常見的雜草，莖多分歧，直立或匍匐狀。

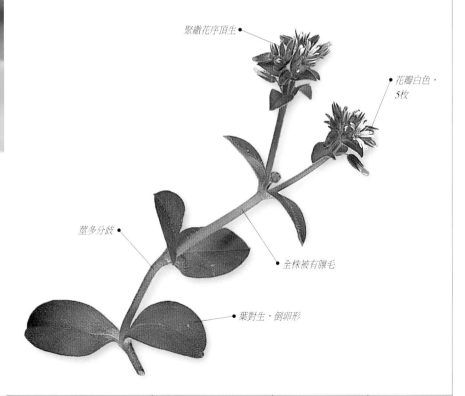

聚繖花序頂生

花瓣白色，
5枚

莖多分歧

全株被有腺毛

葉對生，倒卵形

分布 全島中低海拔地區	最佳觀察點 台大	花期 春季	花色 白

屬名 荷蓮豆草屬	學名 *Drymaria cordata* subsp. *diandra*

菁芳草

多年生草本植物，是典型的陰濕地區指標植物，只要有一大片菁芳草群生的地方，不是「濕」就是「陰」。莖分枝甚多，橫臥或斜上。葉對生，具短柄，圓腎形或圓形；托葉膜質，絲裂成毛狀。聚繖花序腋生或頂生，花朵很小，綠白色，非常不起眼。花梗上有黏性腺毛，花梗易斷，只要人畜經過，花序或果實就會順利搭上便車，黏在人畜身上，藉以傳播種子，達到繁衍族群的目的。蒴果卵形，種子棕白色。莖葉搗碎可敷治蛇傷，根部煎服可治頭痛，汁液為緩瀉劑，還可治療發燒等病症。

- **辨識重點** 葉片圓腎形，與荷蘭豆相似。
- **別名** 荷蓮豆草、豌豆草、對葉蓮、河乳草、豌豆草、水藍青。
- **喜生環境** 陰濕地區。

綠白色的花腋生
或頂生，花朵很小

花梗上有黏性腺毛，
會黏附在人畜身上

葉對生，
具短柄，
圓腎形

莖直立，
可分泌黃色乳汁

20至30公分

典型的陰濕地區指標植物，只要有
一大片菁芳草群生的地方，不是
「濕」就是「陰」。

分布 中低海拔	最佳觀察點 二格山山邊	花期 春至秋季	花色 綠白

屬名 蠅子草屬	學名 *Silene baccifera* (L.) Roth

狗筋蔓

多年生蔓性草本，因具有舒筋活絡、續筋接骨的功效，中藥稱為「舒筋草」，可用於治療骨折、跌打損傷、風濕關節痛等。全草有毛，葉對生、卵形。秋初開花，葉腋抽綠白色花，花瓣5枚，花萼鐘形。球形漿果幼時綠色，熟時黑色。

- **辨識重點** 本種最特別之處是果實底下襯著綠色的星狀花萼，這也是最容易辨認的特點。
- **別 名** 太極草、水筋骨、狗奪子、舒筋草。
- **喜生環境** 庭園路旁。

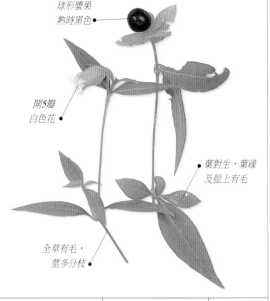

球形漿果熟時黑色

開5瓣白色花

葉對生，葉緣及脈上有毛

全草有毛，莖多分枝

分布 中高海拔路旁及草原地	最佳觀察點 各地田野	花期 夏、秋兩季	花色 白

屬名 繁縷屬	學名 *Stellaria aquatica* (L.) Scop.

鵝兒腸

多年生草本，是休耕農田、菜園的主角之一，也是美味的野菜和民間常用的藥草和飼料，以前農家買不起飼料，全靠這種野菜把鵝養得又大又肥。莖被毛，節膨大，全株柔嫩多汁。葉對生，卵形，無毛，邊緣略呈波狀。花期長約1-4個月，花頂生或腋生，花朵只有1公分大小，花瓣白色，5枚。果實為蒴果，種子球形。

- **辨識重點** 莖匍匐，稍帶紅紫色，具腺毛。白色花瓣5，每瓣尖端呈2深裂，雄蕊數10枚。
- **別 名** 雞腸草、牛繁縷。
- **喜生環境** 陽光下開闊地。

白色花瓣5枚，每瓣先端有2深裂

葉對生，卵形

莖紅紫色

越下端的葉柄越長，葉柄有毛

分布 全島平野	最佳觀察點 台大後山農場	花期 春季	花色 白

衛矛科 Celastraceae

木質藤本、灌木或喬木，莖光滑或具刺。單葉對生或互生，多具小托葉。花序多類型，或花單生：花小、兩性，放射對稱，一般為淡綠色。果實為蒴果，漿果或翅果罕見，常具有肉質、顏色鮮豔的假種皮。許多種類具有經濟利用價值，李時珍的《本草綱目》中已有記載，雷公藤目前則被用於抗癌試驗，南蛇藤也具有某些療效。

屬名 雷公藤屬	學名 *Tripterygium wilfordii* Hook. f.

雷公藤

攀緣性灌木，分布非常狹隘，在台灣僅分布在北部山區。研究發現，雷公藤可殺死精蟲，常用來當作殺精劑，經過萃取也可用於治療風濕性關節炎及一些免疫性疾病。要注意的是，這是一種毒性很強的藥草，一般人不應輕易嘗試。小枝微呈5稜，暗褐色，被鏽色毛茸。單葉互生，鈍鋸齒緣。花腋出或頂生，花萼鐘形，花瓣5片，葉子和花朵都有毒性，接觸時應該小心。蒴果長圓形，黃褐色，有3片膜質翅。

- **辨識重點** 莖有5條稜，被鏽色毛茸。夏天時，枝頭上帶翅的蒴果很容易辨認。
- **別名** 昆明山海棠、七步死、斷腸草、莽草、黃藤草、黃臘藤、爛腸草、南蛇根、三稜花、旱禾花、八步倒、小砒霜、茅子草、菜子草。
- **喜生環境** 全島中低海拔、空曠地。

圓錐花序，花瓣5枚

黃褐色蒴果

葉卵形或長卵形，鈍鋸齒緣，葉柄有褐色毛茸

小枝紅褐色，有圓形小瘤狀突起

分布 北部低海拔灌叢中	最佳觀察點 平溪孝子山	花期 夏季	花色 白

藜科 **Chenopodiaceae**

本科植物大都為草本或灌木，大都可食用。莖常肉質，有時具關節。單葉互生或對生，無托葉。花序常穗狀，花小、綠色。果實為瘦果或胞果。分布在海濱、砂漠或高原等乾旱或鹽鹼地區，根系發達，多數種類器官肉質化。

屬名 藜屬	學名 *Chenopodium ambrosioides* L.

臭杏

一年生草本，為歸化種，目前在農村田埂邊緣很常見，採片葉子揉一揉，會有一股強烈氣味，是辨認的一種方法。莖多分枝，有稜，可高達100公分。葉互生，披針形，波狀鋸齒緣，具腺毛，葉柄甚短；曬乾後可代茶使用。穗狀花序腋生，花細小，綠白色，並不顯眼。胞果扁球形，種子細小，為光亮的紅棕色。

- **辨識重點** 全株莖葉帶有特異氣味，因此得名。
- **別名** 臭川芎、臭荊芥、臭藜藿。
- **喜生環境** 農村附近以及路旁、海邊較常見。

花綠白色，細小不顯眼

葉互生，披針形

莖多分枝，有稜

約50至100公分

本省低地常見雜草，特殊的怪味可提煉芳香油，是絕佳的驅蟲藥。

分布 全島低海拔向陽處	最佳觀察點 三峽	花期 夏、秋兩季	花色 淡綠白

| 屬名 藜屬 | 學名 *Chenopodium serotinum* L. |

小葉藜

一年生草本。莖直立，具多數分枝，葉背及嫩枝均具綠白色粉霜，全株有特異氣味。葉互生，葉柄細長，葉片呈三角狀卵形，波狀鋸齒緣。花密集成團，由許多灰綠色小花構成，著生在枝的頂端及葉腋。嫩莖葉和花穗均是可口的野菜，可炒食或煮湯，全草有去濕、解熱功效。

葉背具綠白色粉霜

葉三角狀卵形，有波狀鋸齒緣

密圓錐花序，灰綠色

- **辨識重點** 全株有特異氣味，葉背及嫩枝具綠白色粉霜。
- **別名** 小葉灰藋、小藜、灰藋、秋藜、麻薔草、灰莧頭、狗尿菜。
- **喜生環境** 休耕的稻田和菜圃最常見，荒廢的向陽地也有。

| 分布 低海拔山區及平地郊野 | 最佳觀察點 竹南中港溪附近田野 | 花期 冬、春兩季 | 花色 灰綠 |

| 屬名 鹼蓬屬 | 學名 *Suaeda maritima* (L.) Dum. |

裸花鹼蓬

多年生宿根性草本，常生長於海邊高鹽分的灘地上。早期生活困苦的年代，鹽的取得不容易，裸花鹼蓬常成為一般民眾鹽分的來源。葉色會隨著季節遞嬗而改變，春、夏時翠綠色，到了秋、冬氣溫較低時會轉為紅色。莖伏生地或傾斜而上，枝條節間短。葉無柄、互生，厚肉質，長橢圓形或披針形。花朵細小而密生，黃綠色。

黃綠色小花於莖頂密生成穗狀花序

葉細小，厚肉質

- **辨識重點** 莖伏生地或傾斜而上，葉細小，會隨季節改變顏色。
- **別名** 鹽定、裸花鹵兼蓬。
- **喜生環境** 海濱砂地及泥地。

| 分布 西海岸及蘭嶼、澎湖 | 最佳觀察點 新竹紅毛港 | 花期 冬季 | 花色 黃綠 |

金絲桃科 Clusiaceae（Guttiferae）

又稱藤黃科，草本、灌木或常綠喬木，有時為藤本，具油腺。單葉對生或輪生，葉通常呈卵狀，全緣，無托葉，常具腺點。花兩性或單性，輻射對稱，單生或排成總狀、聚繖或圓錐花序。果為蒴果、漿果或核果。本科屬於多年生濕生植物，一般來說，喜生長在濕地或水田邊。

屬名 金絲桃屬	學名 *Hypericum japonicum* Thunb. *ex* Murray

地耳草

一至二年生草本，全島低至中海拔山區均可見到，一般成片生長在路旁、曠野。生命力強，在低溫期長出的植株，莖葉往往貼地而生，且全株變成紅褐色；等到氣溫回升，莖葉便快速長高抽長，隨即開花。莖葉曬乾後煮水，再加冰糖飲用，是夏季特優的清涼飲料。莖纖細，四方形，直立或半傾臥性。葉卵形，對生，基部抱莖，無葉柄。春至秋季開花，頂生聚繖花序，花瓣5枚，花冠黃色。蒴果圓筒形，種子數多。

- **辨識重點** 莖方形，老莖具4縱條紋，散生灰色腺點。
- **別名** 小還魂、鐵釣竿、田基黃、雀舌草、黃花一枝香。
- **喜生環境** 山區路旁。

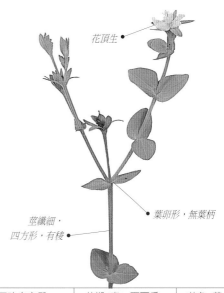

花瓣5片，花冠黃色

花頂生

約10至30公分

莖纖細，四方形，有稜

葉卵形，無葉柄

本種分布於全島低海拔的開闊地、稻田、潮濕地或淺水中，炎夏季節可取莖葉煮成清熱解暑的青草茶飲。

分布 全島中低海拔山區	最佳觀察點 石碇皇帝殿	花期 春、夏兩季	花色 黃

菊科 Compositae (Asteraceae)

草本、灌木或稀為喬木狀，有時具乳汁。葉互生或對生，偶為輪生，單葉、羽裂或羽狀複葉，無托葉。花單一或多數成頭狀花序，即「管狀花」及「舌狀花」集中排列在一個平面，小花兩性或單性。果為瘦果，先端常有毛。菊花是植物界最大的家族，分布極廣，普遍用於觀賞、食材、藥材、除蟲及蔬菜。

屬名 霍香薊屬	學名 *Ageratum conyzoides*

霍香薊

一年生草本，原產於熱帶美洲，約90年前由日本人引進台灣，作為庭園觀賞植物，後自行逸出歸化，成為山野、田間的優勢植物，是低至中海拔的常見雜草，無毒性。全株具剛毛，並有濃濃香氣。葉卵形，具長柄，葉緣為小鋸齒狀。花為頭花，由多朵細小的管狀花聚生而成。瘦果黑色，長橢圓形。

- **辨識重點** 野外常見兩種藿香薊，一開紫花，一開白花。花形特殊，叉狀柱頭伸出花冠外。
- **別名** 柳紫黃、勝紅薊、一枝香、南風草、細本蜻蜓草、白花霍香薊。
- **喜生環境** 草地、開闊地或步道、田埂邊緣。

頭狀花由兩性的管狀花組成

全株散發出特殊濃烈的氣味

30至60公分

本種喜曬太陽，生長在荒地、平地和田邊等比較乾燥貧瘠的土壤，而紫花藿香薊則偏愛潮濕肥沃的土壤。

分布 低中海拔	最佳觀察點 平溪慈母峰登山口	花期 春季	花色 白

屬名 藿香薊屬	學名 *Ageratum houstonianum*

紫花霍香薊

一年生草本，無毒性。原引自日本，經普遍栽植後，已成為馴化種。本種通常較霍香薊的植株大，喜歡生長在較潮濕且土壤較肥沃之處，而霍香薊則偏愛較乾燥、土壤貧瘠的地方，因此有人將這兩種植物當成測量土壤狀況及氣候因素的指標植物。莖直立，密生細毛。葉對生、廣心形，表面有細柔毛。頭狀花序紫色，密生一起呈繖房狀排列，因色澤美麗，以前作為觀賞植物用。瘦果黑色，長圓柱形，有白色冠毛。

- **辨識重點** 本種與霍香薊都有特殊氣味，形態也很相像，但本種葉為廣心形、花紫色，而霍香薊葉為卵形、花白色。

- **別名** 紫花毛麝香、墨西哥藍薊、墨西哥藿香薊。

- **喜生環境** 庭園、路旁、耕菜園地及荒廢地。

葉子為廣心形，表面有細柔毛

頂生頭狀花序呈繖房排列，紫色

原產南美，已成為台灣常見的平地野草之一，生性強健，生長快速，幾乎全年開花。

30 至 80 公分

分布 低、中海拔	最佳觀察點 ？	花期 3月-12月	花色 紫

屬名 豬草屬	學名 *Ambrosia artemisiifolia* L.

豬草

直立的一年生草本，全株被毛，生長勢強且極為耐旱，常在海邊、路旁及曠野地看到龐大的族群。葉片二至三回羽狀分裂，葉脈浮現明顯。雌雄同株，頭狀花序呈總狀排列，上部為雄性頭狀花，呈下垂狀；下部為雌性頭狀花。總苞及瘦果合生為硬的假果，具瘤狀突起。

- **辨識重點** 全株被粗毛；頭狀花序呈總狀排列，夏季開黃色小花；中位葉為二回羽狀深裂；瘦果黃褐色。

- **別名** 豚草、美洲艾、瘤果菊、艾葉破布草。

- **喜生環境** 田間及山野開闊地。

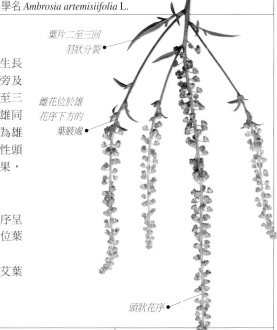

葉片二至三回羽狀分裂

雌花位於雄花序下方的葉腋處

頭狀花序

分布 西北部沿海之低海拔開闊地	最佳觀察點 金門平野	花期 6月-10月	花色 黃白

屬名 蒿屬	學名 *Artemisia lactiflora* Wall.

角菜

直立性多年生草本，營養成分約與菠菜相當，經常食用可促進骨骼發育及新陳代謝。具短莖，莖的顏色因品種而異（目前已知有綠莖及赤莖兩品種）。羽狀複葉，複葉中之小葉無葉柄，葉緣有粗鋸齒狀之缺刻。花序頂生，小花雪白，粒粒似珍珠，別名「珍珠菜」。嫩葉及葉柄可食，具有特殊香味，炒菜、煮湯極其清甜，又稱之為「甜菜」。

- **辨識重點** 羽狀複葉，小葉粗鋸齒緣，呈長角形，因此得名。
- **別名** 珍珠菜、乳白艾、甜菜、香芹菜、納艾香。
- **喜生環境** 氣候冷涼的地方。

25 至 40 公分

角菜因為繁殖容易，一般以分株、扦插或種子繁殖，是一種正在推廣的健康野菜。

小型頭狀花，小花雪白色

有綠莖及赤莖兩品種

羽狀複葉，小葉粗鋸齒緣

分布 低海拔栽培，有部分散逸到平野	最佳觀察點 木柵貓空	花期 10月-次年3月	花色 白

屬名 鬼針屬	學名 *Bidens pilosa* L. var. *radiata* Sch. Bip.

大花咸豐草

多年生草本，原產地在美洲，當初蜂農從琉球引入台灣，便是看上它四季開花、花粉產量大，可供蜜蜂採集利用。高可達近1.5公尺，莖方形，有明顯縱稜。葉單葉或奇數羽狀複葉，先端銳尖，粗鋸齒緣。頭狀花序頂生或腋生，由白色的舌狀花包圍中央黃色的管狀花組成。瘦果黑色，具2或3條具逆刺的芒狀冠毛。

- **辨識重點** 頂端具倒鉤刺的黑褐色瘦果，倒鉤刺為宿存萼片，會附著在人畜身上，藉此找尋適合的落腳處。本種與咸豐草（*B. pilosa* L.）非常相似，但植株粗壯許多，頭狀花也大得多，而且本種只分布在平地至低海拔的平野。
- **別名** 大白花鬼針、白花婆婆針。
- **喜生環境** 開闊地。

1.5公尺以下

全島低海拔極為常見，是極具侵略性的歸化雜草，可作為青草茶的原料及藥材，有清涼退火的功效。

中央是黃色的管狀花

周圍是白色的舌狀花

奇數羽狀複葉，葉緣鋸齒狀

瘦果黑色，具2或3條具逆刺的芒狀冠毛

分布 低、中海拔	最佳觀察點 低海拔平野	花期 全年	花色 黃、白

| 屬名 艾納香屬 | 學名 *Blumea riparia* (Blume) DC. var. *megacephala* Randeria |

大頭艾納香

多年生小灌木或攀緣性灌木，是低海拔山區林下常見的植物，現有學校種植為昆蟲食草。細細的枝條上開出一朵朵頭大大的黃褐色花，嬌弱的枝條似乎支持不住頭花的重量，只好攀援在其他植株身上，也因此有「大頭」的稱號。莖葉厚，長橢圓形；葉具疏突齒緣。頭花半球形，頂生或腋生，每年秋冬之際開花。

- **辨識重點** 管狀花組成的頭狀花序向下懸垂，碩大的總苞是最醒目的辨識特徵。
- **別名** 山紅鳳菜、紫蘇英、山紅菜、細毛大艾。
- **喜生環境** 半日照林下或林緣。

頭花半球形，總苞先端帶紫色，心花黃色

花梗很細，黃褐色的頭花卻很大

葉緣有短刺

葉片長橢圓形，葉表綠色，葉背淡綠色

20至30公分

生長在半日照林下或林緣，是低海拔山區常見的野花。

| 分布 低海拔山區 | 最佳觀察點 台北中央社區 | 花期 秋冬之際 | 花色 黃褐 |

屬名 艾納香屬	學名 *Blumea balsamifera* (L.) DC.

艾納香

多年生大草本或亞灌木，分布在低海拔山區田野，繁殖力強，常成叢狀出現。莖多分枝，有縱稜，全株密被黃白色茸毛，具香氣。單葉互生，長橢圓披針形，邊緣具不整齊鋸齒，上面綠色、有短柔毛，下面密被黃白色茸毛，短葉柄上有長約1 公分的耳狀物。頂生頭狀花序較小，管狀花黃色，邊花為雌性。瘦果10稜，具白色冠毛。

管狀花黃色

全株密被
黃白色茸毛

- **辨識重點** 葉互生，長橢圓披針形。花叢生枝頂，總苞鐘形。瘦果圓筒形，具白色冠毛。
- **別名** 大風草、大疔黃、大楓草、大黃草。
- **喜生環境** 田間及山野開闊地。

分布 台灣東部及南部地區	最佳觀察點 金崙溪溪畔	花期 4月-7月	花色 黃

屬名 金腰箭舅屬	學名 *Calyptocarpus vialis* Less.

金腰箭舅

一年生草本，為歸化種，現在已成為低海拔常見雜草，有時植為道路安全島草坪。因為植株模樣像極了迷你型的金腰箭，因此得名。莖匍匐狀，節間長，略帶暗紅色。葉表面粗糙，卵形，兩面都被有剛毛。花腋生或頂生，每個葉腋幾乎都會長出黃色小花，花由外側的總苞片包覆保護。

舌狀花3-7枚，
黃色

葉卵形，表面粗糙，
兩面密被伏剛毛

- **辨識重點** 本種形態與金腰箭（見108頁）相似，但瘦果外形不同，本種瘦果表面光滑，頂端具2枚芒狀冠毛；金腰箭僅舌狀花的瘦果具翅，且翅上具多枚芒刺。
- **喜生環境** 郊區開闊地。

分布 平地	最佳觀察點 台北市安全島草坪	花期 春季	花色 黃

屬名 薊屬	學名 *Cirsium japonicum* DC. var. *australe* Kitam.

南國小薊

多年生草本植物，花朵又大又美麗，但葉緣裂片末端特化成銳利的尖刺，讓人只敢遠觀而不敢近玩，偶爾路過不小心，連牛仔褲都可能被刺透。同屬植物在台灣約有9種，每一種都具有尖銳的刺。莖多分枝，密被長柔毛。葉披針形，具有深淺不一的缺刻，先端銳尖，基部抱莖，葉緣羽狀全裂，多刺，上表面密被毛，下表面沿著葉脈密生毛。頭花由兩性的管狀花聚集而成，花冠紫紅色。

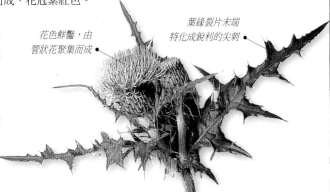

花色鮮豔，由管狀花聚集而成

葉緣裂片末端特化成銳利的尖刺

- **辨識重點** 全株都是刺，連美麗的頭花也都是軟刺。
- **別名** 小薊、野薊、濱薊、千針。
- **喜生環境** 山野開闊地。

分布 全島低至中海拔山野	最佳觀察點 大屯山	花期 夏季	花色 紫紅

屬名 菊屬	學名 *Dendranthema arisanense* (Hayata) Y. Ling & C. Shih

阿里山油菊 　特有種

多年生草本，台灣特有種，一般只生長在中海拔山區，分布海拔在1500-3200公尺左右。花小而油亮，加上生長環境是在草生地或森林邊緣，所以只要是開花期就很容易發現。具匍匐莖，分枝很多。葉長橢圓狀披針形，葉緣羽狀深裂，莖葉幼時密被毛，成熟後無毛。頭狀花序，花金黃色。瘦果倒卵形，黑色，有光澤。

頭狀花序直徑約1.2公分

花色油亮

葉互生，羽狀深裂

- **辨識重點** 一般只生長在中海拔山區，花如其名，油亮亮的。
- **別名** 阿里山菊。
- **喜生環境** 草生地或森林邊緣。

分布 台灣中海拔山區	最佳觀察點 塔塔加	花期 秋季	花色 油亮的黃色

屬名 魚眼草屬	學名 *Dichrocephala integrifolia* (L. f.) Kuntze

土茯苓

一年生草本，植株可當野菜，幼苗全株去根洗淨，素炒、炒肉絲或將嫩莖葉當作一般蔬菜料理，都很美味。上部多分枝；葉互生，常呈羽狀分裂，上方葉較小而少分裂，葉表及葉背均被短毛。春至秋季開花，邊花白色，心花黃綠色，頭狀花序自莖頂或上方之葉腋處抽出，呈總狀排列，如魚眼，綠中帶黃。瘦果不具冠毛。

頭狀花序為球形，就像大大小小的魚眼睛

葉互生，常呈羽狀分裂

- **辨識重點** 頭狀花像魚眼，「魚眼睛」帶著一段小花梗，是重要的辨認特徵。
- **別名** 茯苓菜、豬菜草、魚眼草、一粒珠、山胡菊。
- **喜生環境** 路旁、校園、山野。

30公分

分布於低至中海拔開闊地，這種小草在路旁、校園、山野到處都看得到。

分布 中、低海拔	最佳觀察點 台大後山農場	花期 春季	花色 黃白

屬名 鱧腸屬	學名 *CEclipta prostrata* L.

鱧腸

一年生草本，廣泛分布於熱帶區域，無毒性。莖直立，分枝多，為有名的救荒野菜，葉片上被白色粗毛，即使是嫩葉也應先汆燙去除青澀味。葉對生，披針形，幾乎無柄，細鋸齒或全緣。花頂生或腋生，白色頭狀花序，花梗細長，邊緣為雌性的舌狀花，中間為兩性的管狀花。瘦果黑色，沒有冠毛。

- **辨識重點** 莖折斷處，傷口很快變黑色，因此別稱為「墨菜」。
- **別名** 旱蓮草、蓮子草、墨頭草、墨菜、田烏草。
- **喜生環境** 潮濕地、田邊、海濱或溝渠都可見。

30至60公分

喜歡生長在潮濕的環境，是救荒野菜及藥草。

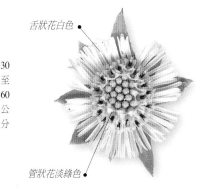

舌狀花白色

管狀花淡綠色

分布 海拔1800公尺以下	最佳觀察點 台大校園周圍	花期 全年	花色 白

屬名 地膽草屬	學名 *Elephantopus mollis* Kunth

地膽草

多年生草本植物，全株密生白色軟毛。葉互生，長橢圓形，背面生有茸毛，表面則無，葉基抱莖。頭狀花總狀排列，白色，有葉狀苞片襯托。瘦果具剛毛狀的冠毛。可當野菜食用，選擇尚未開花的嫩葉或根生葉，用開水汆燙過後再炒食，至於味道如何，那就見仁見智了；也可當藥用，有清熱解毒、涼血消腫的功效，可治療腳氣病。

- **辨識重點** 本種與同屬的天芥菜（E.scaber L.），台灣民間都俗稱為「丁豎杇」，但本種植株較大、花冠白色，而天芥菜植株較小、花冠紫紅色。
- **別名** 白燈豎杇、毛蓮菜、地膽頭、地斬頭、牛舌草。
- **喜生環境** 野地山坡邊的乾燥地。

頭狀花由管狀花構成，花冠白色

全株密被白色硬毛

葉狀苞片

葉片長橢圓形，形狀像「牛舌」

40至100公分

本島常見植物，分布於低海拔，幾乎全年都可見開花。

分布 低海拔廣泛分布	最佳觀察點 雙溪	花期 6月-10月	花色 白

| 屬名 紫背草屬 | 學名 *Emilia sonchifolia* (L.) DC. var. *javanica* (Burm. f.) Mattfeld |

紫背草

一年生草本,莖葉背面往往呈紫紅色,因此得名。嫩莖葉可當野菜煮食,有藥效,專治各種發炎症,外用則可消腫解毒。葉的基部抱莖,羽狀分裂,葉柄有翼,折斷莖葉會有大量白色乳汁流出。四季開花,頭狀花序作繖房狀排列,頂生2-5朵,紫紅色,全部由兩性的筒狀花組成。

- **辨識重點** 全株粉綠色,密生細毛,莖葉背光處往往呈紫紅色。
- **別名** 一點紅、葉下紅、牛石菜、紅背草。
- **喜生環境** 開闊地稍陰的地方。

頂生2-5朵花

頭狀花序紫紅色,全部由兩性的筒狀花組成

葉的基部抱莖,羽狀分裂

莖葉背面往往呈紫紅色

| 分布 中、低海拔 | 最佳觀察點 各地校園、公園 | 花期 春季 | 花色 紫紅 |

| 屬名 饑荒草屬 | 學名 *Erechtites valerianifolia* (Wolf ex Rchb.) DC. |

飛機草

一年生草本,原產於南美洲,現為歸化種,分布於平地至海拔1700公尺之開闊地,較常見。莖直立,柔軟多汁,少分枝。葉互生,下部葉有柄,長橢圓形,羽狀淺裂或深裂,裂片不規則,粗齒緣。頭花頂生,直立或下垂,圓錐狀排列,花冠紫色帶些黃色。瘦果窄圓柱形,黃褐色,具細絲狀白色冠毛,上半部粉紅色。

- **辨識重點** 饑荒草屬的植物在台灣還有另一種:饑荒草(*E. hieracifolia*),兩者長得很像,差別在於莖上有沒有毛以及冠毛先端的顏色:本種的莖有縱稜,近乎無毛而多汁。後者數量明顯較少,不常見。
- **別名** 昭和草、神仙菜、山茼蒿。
- **喜生環境** 森林邊緣。

葉緣裂片為不規則粗齒緣

頭花頂生,花冠紫色

莖有縱稜,近乎無毛

| 分布 全島低中海拔山野 | 最佳觀察點 石碇 | 花期 夏季 | 花色 白,先端略帶紫色 |

屬名 澤蘭屬	學名 *Eupatorium cannabinum* L. var. *asiaticum* Kitam.

台灣澤蘭　特有種

直立亞灌木，為台灣特有種，冬季乾枯。全株密被柔毛，分枝多。葉對生，葉面粗糙，葉背粉白，葉羽狀複葉三裂，裂片披針形，葉緣鋸齒狀，先端漸尖，葉上表面被短毛，下表面沿著葉脈密被柔毛。頭狀小花，白帶粉紅色。果實為瘦果，黑色，冠毛白色。

- **辨識重點** 高度約半人高，全株皆有柔毛，白花盛開時略帶粉紅色暈。成熟的瘦果具白色冠毛，可隨風飄盪。
- **別名** 六月雪、尖尾鳳。
- **喜生環境** 陽光充足的開闊地。

全株密被柔毛

花冠白色，帶有粉紅色暈

50 至 100 公分

台灣分布最廣泛的澤蘭屬植物，範圍從海邊平野到3000公尺以上高山都有，偶被用作綠籬或庭院觀賞盆栽。

分布 海濱至3000公尺以上的開闊地	最佳觀察點 陽金公路旁	花期 5月-12月	花色 白，略帶粉紅色

屬名 鼠麴草屬	學名 *Gnaphalium affine* D. Don

鼠麴草

莖葉被覆著長長的白茸毛，上面頂著滿頭小黃花，2月至5月期間，幾乎在農田、路邊、開闊地上，到處都看得到它的身影。以往農家習慣在清明時節取嫩莖葉做糕粿，當鼠麴的花蕊初現時，就要趕快採摘，取幼嫩部位，略陰乾後用開水汆燙過，切碎後加入糯米粉攪和，再包入紅豆、綠豆或菜脯當餡，便可做成香味四溢的清明粿了。

- **辨識重點** 全株密被白色茸毛；瘦果長橢圓形，具黃白色冠毛。
- **別名** 清明草、黃花艾、鼠麴。
- **喜生環境** 田野、路旁開闊地。

頭狀花序繖房狀排列，由管狀花組成

葉匙形

30 公分

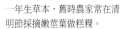

一年生草本，舊時農家常在清明節採摘嫩莖葉做糕粿。

葉背有白色長茸毛

分布 中低海拔的田野、路旁、農田及荒廢地	最佳觀察點 台大後山農場	花期 春季	花色 黃

屬名 鼠麴草屬	學名 *Gnaphalium hypoleucum* DC.

秋鼠麴草

一年生草本，大都生長於中海拔山區林道旁，揉一揉植株，會有一股清香味道。全株密被茸毛，葉全緣，葉基耳狀，半抱莖。葉上表面綠色、被剛毛，下表面密被白色毛。頭狀花序頂生，果實為瘦果，卵形或卵狀圓柱形。

- **辨識重點** 與平地的鼠麴草比較起來，本種植株較高大。本屬還有另一相似種假秋鼠麴草（*G. hypoleucum* var. *amoyense*），但葉兩面都密被白色綿毛。
- **喜生環境** 半日照林道旁。

頭狀花序在枝端密集呈繖房花序

全株密被白色棉毛

分布 中海拔山區	最佳觀察點 觀霧	花期 9月-11月	花色 黃

屬名 鼠麴草屬	學名 *Gnaphalium purpureum* L.

鼠麴舅

一年或二年生草本，歸化種。全株表面常布滿白色綿毛；莖基生葉蓮座狀，倒披針形或匙形；葉基部漸縮下延成葉柄，開花時枯萎但仍宿存。幾乎全年開花，頭狀花淡褐色，很不顯眼，開在葉腋或莖頂，無舌狀花。瘦果細小，表面具小突起，帶有白色冠毛，主要靠風力散播種子。

- **辨識重點** 白色冠毛和全株布滿的綿毛，看起來就像是雜亂的蜘蛛絲。
- **別名** 鼠麴草舅、天清地白、擬天清地白、母子草。
- **喜生環境** 開闊地向陽的地方。

頭狀花由許多淡褐色的管狀小花構成，花一層層開在葉腋

全株布滿白色綿毛

15至35公分

本種繁殖力強，不具藥用又不美觀。

分布 低海拔田野	最佳觀察點 台大後山農場	花期 冬季至春季	花色 黃

屬名 三七草屬	學名 *Gynura bicolor* (Roxb. ex Willd.) DC.

紅鳳菜

多年生草本，全株帶肉質，是近年來被推廣的一種野菜，具清熱涼血功效，對於解毒消腫、緩解生理疼痛等都有助益；富含磷、鐵、蛋白質，對發育中的女孩是絕佳的食物。料理時以大火快炒後加少許調味，最能顯出紅鳳菜的美味。莖直立，多分枝，帶紫色，有細稜。葉倒披針形，先端銳尖。葉基漸縮下延成葉柄，葉下表面紫色。頭狀花序少數，呈繖房狀排列。

- **辨識重點** 葉背紫紅色，葉肉厚，煮熟後的湯汁也呈紫紅色。
- **別名** 紅菜、紫背天葵、紅葉、補血菜、紅莧菜、紫背菜。
- **喜生環境** 平原及低山陰濕處，或栽培於住宅附近、菜園。

頭狀花序在莖頂作繖房狀排列

全為兩性管狀花，花冠黃色

葉背紫紅色

分布 全島各海拔地區栽培，部分散逸到平野	最佳觀察點 木柵貓空地區	花期 10月-次年3月	花色 黃

屬名 三七草屬	學名 *Gynura formosana* Kitamura

白鳳菜　特有亞種

多年生傾臥性草本，台灣特有亞種，分布於濱海地區，偶見於低海拔山區。莖平臥狀，斜升的莖高20-50公分。葉薄肉質，上下表面被毛，匙形或長橢圓形，葉緣不規則裂片或琴狀羽裂。頭狀花序黃色，具長總梗。本種是具有藥效的野菜，有舒筋活絡、解毒消腫的功效，也可治感冒發燒。

- **辨識重點** 花有明顯的臭襪子氣味，是少數開臭花的植物。
- **別名** 白廣菜、台灣土三七、長柄橙黃菊、白菜、白擔當。
- **喜生環境** 平原及低山陰濕處。

總梗長

頭狀花序橙黃色

葉互生，匙狀或長橢圓形

分布 全島海濱至低海拔山區	最佳觀察點 鵝鑾鼻海岸	花期 春至夏季	花色 橙黃

屬名 三七草屬	學名 *Gynura japonica* (Thunb.) Juel.

黃花三七草

直立草本,植株高大,有股特殊異味,跟漂亮的黃色花朵似乎不太搭調。或許生活在較陰暗的林下,就是要有這樣的味道,才容易吸引昆蟲前來採蜜,幫助授粉。莖基部常形成塊莖狀;葉很厚,形態變化大,一般為長橢圓形,不規則鋸齒緣,羽狀分裂。頭花多數成繖房狀排列;果實為瘦果。

頭花黃色,成繖房狀排列

葉羽狀分裂

- **辨識重點** 植株有股特殊臭味,莖基部常形成塊莖狀。
- **別名** 一條根。
- **喜生環境** 半日照森林內或林道旁。

分布 低至中海拔山區	最佳觀察點 觀霧	花期 夏、秋兩季	花色 黃

屬名 蔓澤蘭屬	學名 *Mikania micrantha* H. B. K.

小花蔓澤蘭

多年生闊葉蔓藤,名列台灣十大外來入侵種之一,有「綠癌」之稱。莖細長、多分枝,匍匐或攀緣狀,生長於1000公尺以下的田野開闊地。每個莖節都可長出不定根,加上種子量多且輕盈,傳播擴散速度驚人。

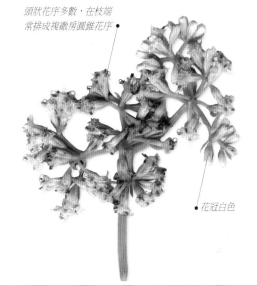

頭狀花序多數,在枝端常排成複繖房圓錐花序

花冠白色

- **辨識重點** 本種與台灣原生的蔓澤蘭近似,但本種總苞片及瘦果都較小,且花乾燥時呈白色,而蔓澤蘭花乾燥時帶有紅色。
- **別名** 小花假澤蘭、蔓菊、米甘草、假澤蘭、薇甘菊。
- **喜生環境** 田野開闊地。

分布 全島低海拔山區田野	最佳觀察點 南部低海拔山區田野	花期 10月-12月	花色 白

| 屬名 銀膠菊屬 | 學名 *Parthenium hysterophorus* L. |

銀膠菊

一年生草本，上部多分枝。葉互生，形態及大小變化大，一回羽狀全裂至二回羽裂。頭花輻射狀，圓錐狀或繖房狀排列，花冠白色；瘦果黑色。本種被列為對台灣危害力最高的前20種外來入侵植物之一，繁殖力及適應性強，除對生態造成破壞外，還會威脅人體健康，纖毛具毒性，釋出的花粉則容易引發過敏。

- **辨識重點** 國際有名的毒草，花像滿天星，葉似艾草。
- **別名** 滿天星。
- **喜生環境** 路旁、荒廢地和田野。

繖房狀頭冠花序

一至二回羽狀裂葉

枝頂或葉腋萌發白色花

50
至
150
公
分

本種繁殖力及適應性強，會對生態造成威脅。

| 分布 西部及東部低海拔山麓、平野，北部少見 | 最佳觀察點 清水、沙鹿平野 | 花期 幾乎全年 | 花色 白 |

屬名 闊苞菊屬	學名 *Pluchea sagittalis* (Lam.) Cabera

翼莖闊苞菊

多年生直立草本，近年來歸化於西北部低海拔開闊地或濕地，因為開花、結果容易，族群在野外迅速擴張，但花朵不鮮豔，沒有人栽培為園藝植物。植株高大，莖高100-150公分，莖基部木質化，全株具香氣，莖多分枝，密被茸毛。葉為廣披針形，上下兩面具茸毛，尖鋸齒緣。頭花具花梗，頂生或腋生呈繖房花序狀，花冠白色。瘦果褐色，有縱溝，具少數冠毛。

20
至
30
公
分

本種成長迅速，種子不僅會「飛」，泡在水中還能生長，所以蔓延非常快。

- **辨識重點** 最明顯的特徵是自葉基部向下延伸到莖部的翼；莖中部葉披針形，兩面被細茸毛及黏腺體。
- **別名** 六稜菊。
- **喜生環境** 開闊地。

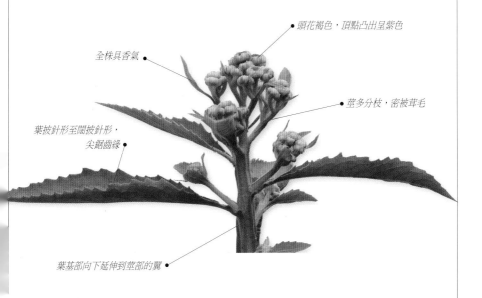

頭花褐色，頂點凸出呈紫色

全株具香氣

莖多分枝，密被茸毛

葉披針形至闊披針形，尖鋸齒緣

葉基部向下延伸到莖部的翼

分布 低海拔開闊地或濕地	最佳觀察點 竹南海邊	花期 秋、冬兩季	花色 褐

| 屬名 翅果菊屬 | 學名 *Pterocypsela indica* (L.) C. Shih |

鵝仔草

一年生草本，分布於低海拔的向陽開闊地。莖直立、多分枝，中心具粗而白色的髓，有白色乳汁。葉形變化極大，根生葉幾乎無柄，葉尖漸尖形，葉全緣至深羽裂；莖生葉線狀披針形，上表面綠色，下表面灰白色。頭花圓錐狀排列，花冠淡黃色，小花都是舌狀花。瘦果長橢圓形，扁平，冠毛白色，藉風力來幫助傳播。

花全為舌狀花，淡黃色

- **辨識重點** 本種會分泌大量白色汁液，植株常爬滿蚜蟲。
- **別名** 山萵苣。
- **喜生環境** 全島中低海拔、空曠地。

葉形變化極大，有長橢圓形也有披針形

葉緣裂片為不規則粗齒緣

| 分布 低海拔、平地 | 最佳觀察點 北宜石牌 | 花期 夏、秋兩季 | 花色 淡黃 |

| 屬名 豨薟屬 | 學名 *Sigesbeckia orientalis* L. |

豨薟

一年生草本，嫩莖葉可食用，取其幼嫩部分先汆燙後再煮食，可當野菜及藥用，主治四肢麻痺、腰膝無力、高血壓、中風等症狀。莖直立，常呈二叉分枝，莖葉密生短毛。葉對生，下方者較大，具有長柄；上方葉漸次變小，柄也隨之變短。頭狀花序排成圓錐狀，具長梗，黃色的舌狀花並不明顯，中間的管狀花兩性。瘦果黑色，無冠毛。

外側的線狀總苞看起來就像是一根根長毛的腳，會分泌黏液

舌狀花冠黃色

葉片三角狀卵形，葉緣不整齊淺裂

莖直立，有時帶紫紅色，密生茸毛

- **辨識重點** 外側總苞線狀且被有腺毛，像是一根根長毛的腳，是最大的辨認特徵。
- **別名** 苦草、牛人參、希尖草、蓮草寄生、豬屎菜、豨薟草、黏糊菜。
- **喜生環境** 田野路邊開闊地。

| 分布 中低海拔的開闊地 | 最佳觀察點 南澳田野 | 花期 夏季 | 花色 黃 |

屬名 假吐金菊屬	學名 *Soliva anthemifolia* (Juss.) R. Br. *ex* Less.

假吐金菊

常見的一年生低矮草本植物，無毒性。莖葉平鋪於地面上，葉為羽狀深裂，不注意看的話，很像我們常吃的香菜。花長在莖葉基部，為頭狀花序，呈黃綠色且花序外有長毛，花序下面長根，將花序牢牢地與地面結合，花數眾多，可產生為數可觀的瘦果。瘦果褐色，有翅狀苞片包覆。

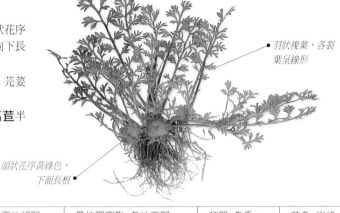

羽狀複葉，各裂葉呈線形

- **辨識重點** 頭狀花序常數個集生並向下長根。
- **別名** 鵝仔草、芫荽草、山芫荽。
- **喜生環境** 山萵苣半日照的地方。

頭狀花序黃綠色，下面長根

分布 低海拔山區及平地郊野	最佳觀察點 各地田野	花期 冬季	花色 淡綠

屬名 苦苣菜屬	學名 *Sonchus arvensis* L.

苦苣菜

顧名思義，植株帶有苦味，但汆燙過後就是一道救荒野菜。莖光滑無毛，柔軟而中空。基生葉長橢圓形，葉兩面均無毛，莖生葉的葉基耳狀抱莖，莖葉及花序均有白色乳汁。頭花繖房狀排列，總梗具腺毛，總苞黑色，被腺毛。夏、秋間結長橢圓形瘦果，成熟後變為紅褐色，具白色冠毛，成熟的果實常風力傳播。

- **辨識重點** 葉不規則羽狀深裂，基部抱莖，葉背稍帶粉白色。本種與同屬的苦滇菜（見108頁），最大的差別在於葉形：苦滇菜的葉子有明顯的鋸齒緣。
- **別名** 苦菜、滇苦菜。
- **喜生環境** 全島低海拔地區、向陽荒廢地、空曠地。

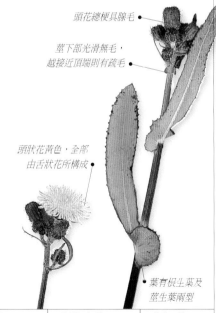

頭花總梗具腺毛

莖下部光滑無毛，越接近頂端則有疏毛

頭狀花黃色，全部由舌狀花所構成

葉有根生葉及莖生葉兩型

分布 中低海拔平野	最佳觀察點 宜蘭田野	花期 春季	花色 黃

屬名 苦苣菜屬	學名 *Sonchus oleraceus* L.

苦滇菜

常見的菊科草本野菜。莖暗紫色，中空無毛，因為外表具縱稜而增強了韌性。基部葉長橢圓形，葉柄有翅，葉緣為不規則羽狀裂；上部葉的葉基，耳狀抱莖。頭花繖形狀排列，舌狀花冠黃色。瘦果長橢圓形，茶褐色或淡褐色，並有粒狀突起及數條縱溝線，具白色冠毛。可當中藥，莖葉有明目、調經、消炎及收斂等功效；也可當成野菜食用，但味道稍苦，要先汆燙過再炒食。

- **辨識重點** 上部葉的葉基耳狀抱莖，是辨認上的一大特徵。
- **別名** 苦菜、山鵝仔菜、苦馬菜、苦藚菜。
- **喜生環境** 開闊地。

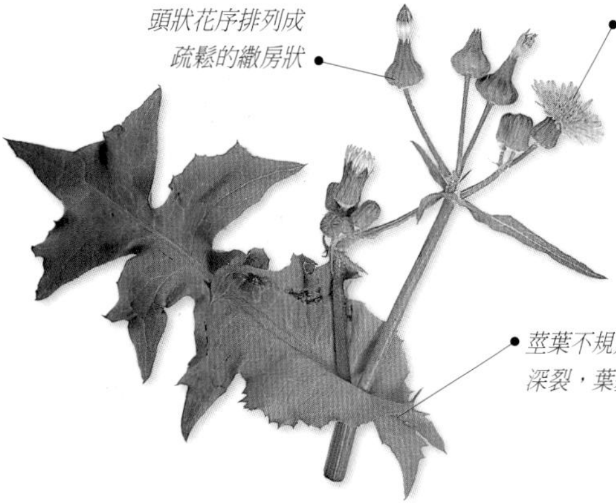
頭狀花序排列成
疏鬆的繖房狀
舌狀花冠
黃色
莖葉不規則羽狀
深裂，葉基抱莖

分布 低至中海拔開闊地	最佳觀察點 台大農場	花期 夏、秋兩季	花色 黃

屬名 金腰箭屬	學名 *Synedrella nodiflora* (L.) Gaert.

金腰箭

一年或二年生草本。長橢圓形的瘦果尖刺狀，幾乎隱藏在對生葉的葉柄之中，就好像金箭藏在腰間一般，因此得名。瘦果冠毛有2芒刺，能黏附在人畜身上，藉以廣泛散布。莖無毛或被疏毛，節間很長。單葉對生，葉長橢圓形，葉脈三出，表面粗糙，兩面被伏貼的剛毛。頭花黃色，頂生或腋生。

- **辨識重點** 葉對生；花黃色，腋生簇生；瘦果冠毛有芒刺。
- **別名** 節節菊、萬花鬼箭。
- **喜生環境** 陰涼潮濕的山野路旁。

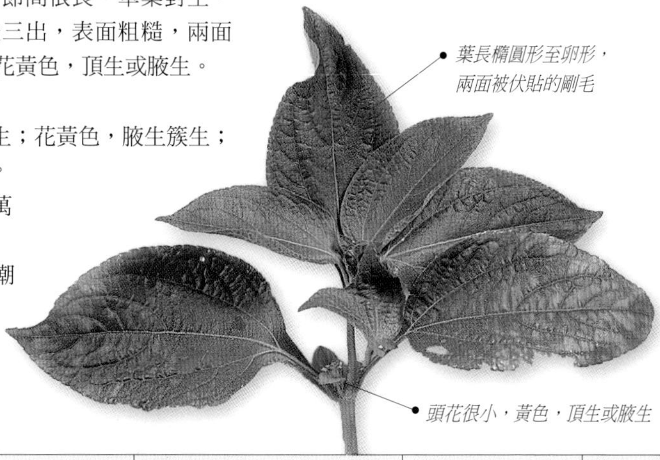
葉長橢圓形至卵形，
兩面被伏貼的剛毛
頭花很小，黃色，頂生或腋生

分布 台灣中、南部低海拔地區較多	最佳觀察點 蘇澳郊野山邊	花期 夏、秋兩季	花色 黃

屬名 腫柄菊屬／王爺葵屬	學名 *Tithonia diversifolia* (Hemsl.) A. Gray

王爺葵

灌木狀的多年生草本，為歸化種，原產於墨西哥、中美洲等地，長得很像向日葵，因此又取名「假向日葵」。黃色花耀眼，花期長且各地開花時間不一，一般在春季開花。高可達2公尺，全株被有細毛。葉互生，卵形，全緣或3-5裂。頭花大而醒目，徑約10公分，舌狀花橘黃色。瘦果橢圓形，頂端有芒刺或鱗片。

- **辨識重點** 花色和花朵外形就像是小型的向日葵，葉為掌狀3-5裂，因此別稱「五爪金英」。
- **別名** 五爪金英、樹葵、假向日葵、提湯菊、金花菊、腫柄菊。
- **喜生環境** 溪邊、荒野、斜坡間。

舌狀花瓣大而明顯

花像極了向日葵

中間的管狀花為褐色

葉片3-5裂，有長葉柄

全株被細毛

分布 中低海拔山野、路旁	最佳觀察點 火炎山大安溪旁	花期 春、夏兩季	花色 橘黃

屬名 斑鳩菊屬	學名 *Vernonia cinerea* (L.)Less. var. cinerea

一枝香

一年生草本，產於熱帶亞洲，台灣全島於海拔1500公尺以下、低海拔平地至丘陵地、原野、路旁、旱作耕地都普遍可見。莖直立細長，全株具灰白色短毛，植株很小時就會盛開花朵。葉形多變，互生，葉片呈倒披針形，淺鋸齒緣。頭狀花序長小於1公分，排列成疏散的繖房花序，四季都會開花；頭狀花徑很小，大約僅有3公釐，由數十朵管狀小花構成，花瓣與柱頭都呈紫紅色。瘦果帶有白色冠毛，靠風力傳播。

- **辨識重點** 花瓣紫紅色；瘦果外被微毛，有兩列白色冠毛。
- **別名** 傷寒草、生枝香、假鹹蝦、四時春。
- **喜生環境** 全島中低海拔、空曠地。

頭狀花序紫紅色，均由兩性的筒狀花構成

葉互生，淺鋸齒緣

全株被灰白色短毛

分布 低海拔、平地或山區	最佳觀察點 石碇皇帝殿	花期 全年	花色 紫紅

屬名 斑鳩菊屬	學名 *Vernonia elliptica* DC.

光耀藤

攀緣性亞灌木，原產於東南
亞，當初引入是作為綠化用，
但因對環境耐受性佳，繁殖容
易，從南部地區慢慢往全島各
地擴散，成為歸化種，目前在
中部地區及台東地區的郊野都
有發現紀錄。全株被銀灰色絹
毛，葉橢圓形。頭花多數，於
分枝末稍成圓錐狀排列。

花冠白色，先
端略呈粉紅色

- **辨識重點** 全株被銀灰色絹
  毛，葉長橢圓形，全緣；頭
  狀花序，花冠白色，先端略
  呈粉紅色。
- **別名** 新娘花、新娘藤。
- **喜生環境** 路旁、荒廢地和
  田野。

100
至
200
公
分

葉橢圓形，全緣

光耀藤為歸化種，而授性佳，可當海岸
防風定砂植物。

分布 低海拔山麓、平野	最佳觀察點 南部亞泥附近山野	花期 12月-3月	花色 花冠白色，先端略呈粉紅色

屬名 斑鳩菊屬	學名 *Vernonia gratiosa* Hance

過山龍

攀緣性亞灌木，長可逾3公尺。在台灣，過山龍與大頭艾納香是兩種較常見的菊科攀緣性植物，但是過山龍的花比較少見，可能與其分布較狹隘有關，僅生長在中北部山麓，其他地區幾乎沒有見過。葉橢圓形，全緣或疏突齒緣，葉上表面近於無毛，下表面密被褐色星狀毛。頭花多數，腋生或頂生，圓錐狀排列，花冠紫色。

- **辨識重點** 花形特殊，花瓣閉而不展；花柱特長，柱頭2裂，狀似羊角。瘦果具冠毛。
- **別名** 斑鳩菊。
- **喜生環境** 森林邊緣。

花謝後結果，這是過山龍最常見的模樣

花冠紫色

柱頭突出，狀似羊角

瘦果具冠毛

分布 中北部山麓及闊葉林底下	最佳觀察點 大屯山	花期 5月-10月	花色 紫

屬名 蟛蜞菊屬	學名 *Wedelia chinensis* (Osbeck) Merr.

蟛蜞菊

匍匐性多年生草本，嫩莖葉是救荒野菜，也常有人拿來當作解熱利尿劑。全株被稀疏的細柔毛，葉叢生在根的基部，倒披針形，羽狀深裂。花軸從植物基部生出，花莖有時可抽長至100公分，頭狀花序成繖房狀排列，花期長。瘦果橢圓形，褐色，具有11-13道縱稜，頂端有白色冠毛。

- **辨識重點** 本種花單生於莖頂，植株及葉形都比雙花蟛蜞菊來得小。
- **別名** 黃花蜜菜、田烏菜、蛇舌黃、黃花田路草、雞舌黃、四季春、寒丹草、黃花龍舌草、龍舌草。
- **喜生環境** 開闊地。

葉對生，厚革質，卵狀披針形

花單生於莖頂，舌狀花一輪

分布 低、中海拔	最佳觀察點 笨港的海濱地區	花期 春季	花色 黃

屬名 蟛蜞菊屬	學名 *Wedelia prostrata* (Hook. & Arn.) Hemsl.

天蓬草舅

多年生蔓性草本，莖長而匍匐蔓延，節處生根，莖表面具粗毛。葉長橢圓形，上下表面均具粗毛，葉緣有寬鬆鋸齒，明顯的三出脈，完全適應海灘的惡劣環境。雨水多時，莖會長得又粗又長，全株蔓延極快。若長期缺水，也可以緊縮生長速度，將莖葉短縮為簇生狀，以減少水分蒸散的面積，是優良的海岸定砂植物。頭花頂生；瘦果，倒卵形，有疣狀突起。

葉對生，厚革質，疏鋸齒緣

頭花由舌狀花和管狀花組成

- **辨識重點** 本種葉厚革質，長橢圓形、卵形、披針形；蟛蜞菊（見111頁）的葉子紙質，倒披針形，羽狀深裂。
- **別名** 單花蟛蜞菊、滷地菊、貓舌菊、地錦花。
- **喜生環境** 砂地或細砂礫地上。

分布 分布於全島海濱地區及離島	最佳觀察點 海濱地區	花期 5月-10月	花色 鮮黃

屬名 黃鵪菜屬	學名 *Youngia japonica* (L.) DC.

黃鵪菜

一年或二年生草本，全株植物體含有白色乳汁，嫩莖葉和花穗可當野菜食用。葉主要叢生在根的基部，倒披針形，羽狀深裂且有柄，裂片深淺不一。花軸從植物的基部生出，柔柔的長莖，頂著細細的頭狀花序，花黃色，全由17-19朵舌狀小花組成，花期長。瘦果扁平，茶褐色，具有8-9條縱溝，頂端有白色冠毛。

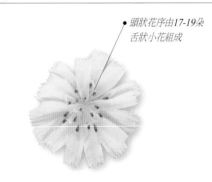

頭狀花序由17-19朵舌狀小花組成

- **辨識重點** 算算舌狀小花的數目就可區分與本種花形相似的刀傷草、兔兒菜，刀傷草為8-12朵，兔兒草20-25朵。
- **別名** 山芥菜、山根龍、黃瓜菜、一枝香、山菘薐、土芥菜、野芥菜。
- **喜生環境** 全島開闊地皆可見。

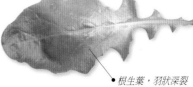

根生葉，羽狀深裂

分布 低、中海拔	最佳觀察點 校園、公園各角落、安全島、道路旁和耕地間	花期 全年	花色 黃

旋花科 Convolvulaceae

草本、灌木或纏繞性藤本，纏繞方向均為右旋。單葉互生，沒有托葉。花兩性，單生或排成聚繖、繖形或頭狀花序，大都為腋生；花瓣相連，花冠呈漏斗狀，花色鮮豔。果為蒴果。甘薯的塊根和空心菜的莖葉可供食用，牽牛花和槭葉牽牛的種子可做藥用。

屬名 菟絲子屬	學名 *Cuscuta austras* R. Brown

菟絲子

纏繞性寄生植物，莖細長，淡黃色。葉退化成膜質鱗片，花數朵集生，近無柄，花冠黃白色。果扁球形或略呈倒梨形，種子入地，初生有根，等到植株蔓延至其他綠色植物後，初生根才斷，改用吸收根伸入其他植物維管束吸取養分和水分維生。輕微的受害株莖變細或彎曲，植株低矮，葉片小而黃；嚴重的莖被菟絲子纏滿，整株朽住不長，直至死亡。

蔓性

- **辨識重點** 本種有成片群居的特性，淡黃色的細莖在其他植物上四處蔓延。
- **別名** 無根草、豆寄生、金絲草、吐血絲、濱絲菟子。
- **喜生環境** 草生地或攀附在灌木莖葉上。

喜歡在陽光充足的開闊環境中生長，在中藥界頗負盛名，可治各種瘡毒，又有滋養強壯之效。

多數小花排列成穗狀花序，黃白色

葉退化為淡黃色的鱗片，稱為鱗片葉

莖柔軟而呈線狀，黃綠色，不含葉綠素

分布 廣泛分布於平地至高海拔	最佳觀察點 台大農場	花期 秋天	花色 淡黃

屬名 牽牛花屬	學名 *Ipomoea cairica* (L.) Sweet

槭葉牽牛花

多年生常綠蔓性草本，因花早上開放，下午休眠萎皺，古時稱之為朝顏，現時俗稱牽牛花或喇叭花。全株無毛，具塊根。莖與葉具乳汁，老莖灰褐色、圓形，幼莖綠色帶紅，具縱稜，平臥地表或纏繞他物。葉5-7掌狀深裂，裂片披針形、卵形或橢圓形，兩端均漸尖，全緣。花冠漏斗形，長4-6公分，淡紫色。開花時，葉腋萌發1-3朵紫紅色花。蒴果廣卵形，黑褐色。

花冠漏斗形，紅紫色

- **辨識重點** 葉基部略木質化，呈掌狀5-7深裂，腋芽會再長出小葉，猶如槭葉一般。
- **別名** 牽牛花、掌葉牽牛、楓葉牽牛、番仔藤。
- **喜生環境** 集生於田野、荒郊、廢棄建築物等陽光充足的開闊地。

老莖灰褐色，皮孔明顯

葉5-7掌狀深裂

分布 逸出後歸化於全島低海拔地區	最佳觀察點 台大校園農場	花期 夏、秋兩季	花色 紅紫

屬名 牽牛花屬	學名 *Ipomoea obscura* (L.) Ker-Gawl.

野牽牛

一年生蔓性草本，海濱或低海拔空曠地及林緣都適合生長，幾乎全年可見開花。莖纖細，纏繞性，光滑或有微毛。葉互生，廣卵形，先端銳尖，基部心形。聚繖花序，花冠漏斗狀、白色，花心暗紫色。蒴果卵形，種子量大，被有黑灰色細毛，繁衍力強勢，因此生態幅度極廣。全草有毒，種子毒性較強，切勿誤食。

葉寬心形，兩面光滑或略有短細毛茸

白色花冠漏斗狀，花心暗紫色

- **辨識重點** 花白色，腋出，1-3朵簇生，花心暗紫色。
- **別名** 姬牽牛、小心葉薯、紫心牽牛、細花牽牛。
- **喜生環境** 開闊地。

蔓性藤本

野牽牛是牽牛花中花較能耐光照的一種，可以一直開到午後，且幾乎全年可見開花。

分布 低海拔地區郊野	最佳觀察點 福隆海邊	花期 冬季	花色 白

| 屬名 牽牛花屬 | 學名 *Ipomoea pes-caprae* (L.) R. Br. subsp. *brasiliensis* (L.) Oostst. |

馬鞍藤

多年生匍匐性的木質藤本，因為葉片先端凹裂，形如馬鞍而得名。莖極長而匍匐地面，是典型的砂原植物，全株光滑，節上長根。單葉互生，具葉柄，闊橢圓形，葉尖微凹。到海濱浮潛時，搓揉葉子來摩擦潛水鏡片，可防止起霧。總梗上有1至數朵花，同一個花序上通常一次只開一朵花，這也是馬鞍藤的花期總是很長的原因。花通常一大早盛開，接近中午會閉合起來休眠。

- **辨識重點** 葉片先端凹裂，形狀像馬鞍。
- **別名** 鱟藤、厚藤。
- **喜生環境** 海濱。

蔓性藤本

花冠粉紅色到淺
紫紅色，漏斗狀

聚繖花序由
葉腋長出

本種耐鹽又耐鹼，成為砂岸最前線
的植物群落，每一節都會長出細長
的不定根來固定植株，並可深入土
裡去吸收水分跟養分。

葉片先端凹裂，
形狀像馬鞍

| 分布 全島海岸附近 | 最佳觀察點 東北角海岸 | 花期 4月-8月 | 花色 粉紅紫 |

山茱萸科（四照花科）Cornaceae

喬 木、灌木，或極稀草本。單葉對生，稀互生或輪生，無托葉。聚繖、圓錐或繖形花序。花兩性或單性，放射狀對稱，有時具白色大苞片；萼片4-5，花瓣4-5；雄蕊4-5，與花瓣互生。果實為核果、漿果或集生果。本科是很特別的一科，其中有些屬的分類方式還是意見分歧，在台灣僅有4個屬，大約有6種，而且大都不常見，但有許多種類可當作庭園造景植物，值得推廣。

桃葉珊瑚屬	學名 *Aucuba japonica* Thunb.

東瀛珊瑚

常綠灌木，分布於全島中低海拔原始森林中。小枝幼嫩時粗糙，後轉為光滑。葉對生，革質，橢圓形，鈍鋸齒緣；葉面亮綠色，葉背淡綠色。圓錐花序頂生，花瓣先端銳尖，具極短尾。漿果卵狀橢圓形，成熟時紅色。花數多且呈深紫紅色，果實成熟時紅豔欲滴、十分美麗，是極具觀賞價值的野花。除了可作為庭園觀賞植物外，其木材尚可供作手杖、煙管之用。

- **辨識重點** 本種與桃葉珊瑚（*A. chinensis* Benth.）最大的差異是葉形：桃葉珊瑚葉形狹長，本種屬卵形，葉形較寬大。
- **別名** 青木、日本珊瑚。
- **喜生環境** 溪谷山澗較濕潤的地方。

4枚雄蕊相當明顯

深紫紅色的花十分特別

150至300公分

果實成熟時紅豔美麗，是極具觀賞價值的野花。

分布 全島低、中海拔森林	最佳觀察點 陽明山百拉卡公路旁	花期 3-5月	花色 深紫

景天科 Crassulaceae

肉 質草本或小灌木。單葉或3-5出葉，葉互生、對生或輪生，無托葉。繖房或圓錐花序；每一心皮外附一蜜腺。果為蓇葖果，腹縫開裂。典型的旱生植物，抗風又抗旱，是屋頂綠化首選，喜歡生長在乾燥地或石頭上，大都在夏秋季開花，冬天是主要的生長季節，只要有足夠的陽光，本身色澤會加深而變得更漂亮。無性繁殖力很強，用葉子就能繁殖。

屬名 落地生根屬	學名 *Bryophyllum pinnatum* (Lam.) Kurz

落地生根

多年生草本，生命力強。葉子厚而多肉、對生，下方一般為單葉，上方偶為一回羽狀複葉，有小葉3-5枚，呈長橢圓形，邊緣有圓鈍鋸齒。葉片富含水分，落地後不易枯萎，葉緣鋸齒的凹刻處有許多生長激素，一掉進土裡便可從鋸齒處長出根，萌生新株，因此得名。冬末春初時，植株中央會抽出一條堅硬的花莖，呈現圓錐花序，圓形紙質萼筒像燈籠一樣下垂倒吊，初期為紫綠色，慢慢成熟後會變成紅褐色。果實為蓇葖果。

- **辨識重點** 莖直立有節，上部帶有紫紅色，葉子肥厚多汁；花紫紅色，像下垂的燈籠。
- **別名** 腳目草、燈籠花、長壽花、倒吊蓮。
- **喜生環境** 全島中低海拔、空曠地。

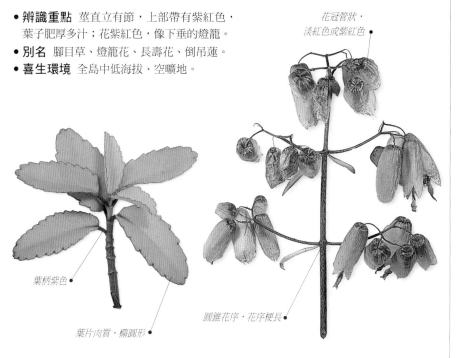

花冠管狀，淡紅色或紫紅色

葉柄紫色

葉片肉質，橢圓形

圓錐花序，花序梗長

分布 低海拔、平地	最佳觀察點 深坑平野	花期 冬季至春季	花色 粉紅白

屬名 燈籠草屬	學名 *Kalanchoe gracilis* Hance

小燈籠草　特有種

多年生常綠肉質草本，台灣特有種，分
布在全島中低海拔山區岩區，全草可當
藥用。莖直立，粗壯，少分枝。單葉對
生，花軸節以下的葉3裂，裂片披針形，
鈍齒緣。花瓣黃色，先端銳尖。

花瓣黃色，
先端尾狀

裂片披針形

- **辨識重點** 台灣燈籠草屬的植物有4
  種，分辨的最重要特徵是看靠近根部的
  葉子，是3裂、單葉至三出葉，本種是3
  裂。
- **別名** 大還魂、大返魂草、篦葉燈籠
  草、細葉芥藍菜、細葉白背。
- **喜生環境** 裸露岩石的小縫、岩屑地、
  崩塌地。

分布 全島中至高海拔均有分布	最佳觀察點 觀霧	花期 3月-8月	花色 黃

屬名 佛甲草屬	學名 *Sedum formosanum* N. E. Br.

石板菜

一年生的多肉草本植物，開花時，整株
都是星星狀的花，非常顯眼。莖直立叢
生狀，主要是二或三叉分枝生長。葉子
互生，湯匙形或倒卵形，淺綠色、肉
質，葉柄不明顯。聚繖花序頂生，除了
花數很多之外，花期也很長。蓇葖果直
立，隨著成熟度不同，由淺綠轉為黃綠
色，種子細小而量多。

聚繖花序頂生，
花金黃色

葉倒卵形，
肉質

葉柄
不明顯

莖直立叢生狀，主要
是二或三叉分枝生長

- **辨識重點** 「佛甲草」這一屬的植物，
  可能是因為這些植物的葉片細長且多
  肉，長得很像佛菩薩的指甲而命名，但
  本種葉形不同，呈湯匙形或倒卵形。
- **別名** 台灣佛甲草、白豬母乳。
- **喜生環境** 多岩石的濱海環境。

分布 台灣、蘭嶼的海岸礁岩邊	最佳觀察點 北海岸、東北角	花期 春、夏兩季	花色 金黃

| 屬名 佛甲草屬 | 學名 *Sedum mexicanum* Britt. |

松葉佛甲草

多年生肉質草本，多生長在北部山野，而且以人為種植為主，平溪石碇地區也有野生族群，到底是台灣原生族群或外來歸化種尚不確定。葉四葉輪生於不孕枝，但在孕枝上卻是輪生或互生都有；葉線狀披針形，肉質，圓柱狀，全緣，葉尖漸尖。聚繖花序頂生，花黃色。

- **辨識重點** 葉線狀披針形，像松針。
- **別名** 松葉景天。
- **喜生環境** 開闊地。

聚繖花序頂生，黃色

葉片含水量極高，相當耐旱

因為葉像松針而得名

15 至 30 公分

莖直立

翠綠的肉質葉上開滿了黃花，是相當受歡迎的園藝植物。

| 分布 北部山野 | 最佳觀察點 台北深坑到平溪山區 | 花期 3月-5月 | 花色 黃 |

屬名 佛甲草屬	學名 *Sedum morrisonense* Hayata

玉山佛甲草　特有種

多年生宿根肉質小草本，台灣特有種，11月全株轉暗紅色後漸枯。莖與葉肥厚，貯藏許多水分，能在極乾旱與惡劣環境生長，例如裸露岩石的小縫、岩屑地、崩塌地等。葉橢圓形，密集互生，肥厚肉質，有如指甲般形狀排列成覆瓦狀，因此名之為「佛甲」。花黃色，聚繖花序，萼片不等長；果實直立。

花金黃色

肉質橢圓形的葉密集互生

莖肥厚肉質

- **辨識重點** 要分辨本種與紅子佛甲草（*S. erythrospermum* Hayata），可查看葉子是對生或互生：本種是互生葉，而紅子佛甲草是對生葉。
- **別名** 佛甲草。
- **喜生環境** 裸露岩石的小縫、岩屑地、崩塌地。

分布 全島中高海拔	最佳觀察點 梅峰	花期 夏、秋兩季	花色 金黃

屬名 佛甲草屬	學名 *Sedum uniflorum* Hook. & Arn.

疏花佛甲草

佛甲草這一屬在台灣有15個種，其中分布於濱海地區的主要有兩種，分別為本種與石板菜（見118頁）。本種為多年生草本。葉密集互生，柱狀寬匙形，厚肉質，全緣，葉尖鈍狀至銳狀。花黃色，單一，偶穗狀花序具5-6朵花。蓇葖果直立，種子黃色。

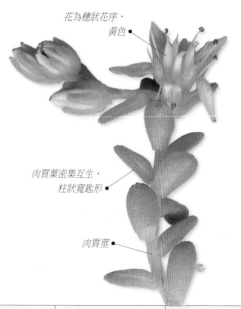

花為穗狀花序，黃色

肉質葉密集互生，柱狀寬匙形

肉質莖

- **辨識重點** 石板菜的葉較本種大很多，且為輪生排列；石板菜的開花多而明顯，本種顧名思義，花較稀疏且葉很短。
- **喜生環境** 濱海沙灘開闊地。

分布 北部海濱	最佳觀察點 福隆海濱	花期 3月-6月	花色 黃

葫蘆科 Cucurbitaceae

攀 緣性草本，葉互生，有柄，常有螺旋狀卷鬚，卷鬚與葉成90度角側生。花單性，雌雄同株，萼片與花瓣各5片，花通常比較大也比較鮮豔；果實為瓠果或瓠果。本科是世界上最重要的食用植物科之一，有名的植物包括香瓜、南瓜、絲瓜、西瓜、佛手瓜及葫蘆等常見的蔬菜和瓜果。

屬名 絲瓜屬	學名 *Luffa cylindrica* (L.) M. Roem.

絲瓜

雌雄異花同株植物，正常情況下，植株都是先開雄花，接著才有雌花和雄花混合發生。果實可炒食或做湯，味道清甜可口，成熟的老瓜則可曬乾當作洗滌工具「菜瓜布」。全株粗糙，有卷鬚；莖細長，有稜。葉互生，圓心臟形，呈掌狀5-7淺裂，各裂片尖頭，邊緣有不整齊鋸齒。花黃色，花冠為5深裂，各裂片呈卵形。果為細長的瓠果。

- **辨識重點** 全株粗糙，有卷鬚；葉片掌狀心形，邊緣有波狀淺齒；黃色花冠5深裂。
- **別名** 菜瓜、彎瓜、布瓜、角瓜。
- **喜生環境** 農村開闊地。

絲瓜為一年生蔓性草本，在農村地區普遍栽培。除了供食用外，由絲瓜莖採擷而成的絲瓜水，還具有消炎、收斂肌膚等功效。

蔓性

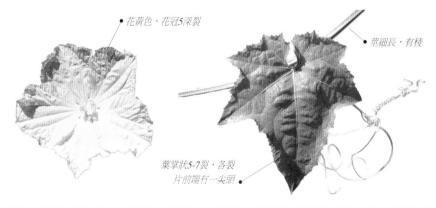

花黃色，花冠5深裂

莖細長，有稜

葉掌狀5-7裂，各裂片前端有一尖頭

分布 全島低海拔地區	最佳觀察點 三峽	花期 夏、秋兩季	花色 黃

屬名 苦瓜屬	學名 *Momordica charantia* L.

苦瓜

一年生攀緣藤本，全島中低海拔栽培及野生。低地平原植株小形者（葉通常長6公分以下），多為變種山苦瓜。多分枝，有細毛，卷鬚不分枝。葉膜質，卵形至圓形，5-9深裂。雄花單一，花黃色，鐘形。果具疙瘩；種子橢圓形，包於紅色肉質的假種皮內。表面疙瘩越細粒者，瓜越苦，料理時切片、沖洗，以鹽水浸洗，可除去苦味。

花朵開在葉腋，有長花梗

藤本

- **辨識重點** 瓜果表面有疣狀突起，這是所有瓜類蔬果中獨一無二的特徵。
- **別名** 錦荔枝、癩葡萄、癩瓜、涼瓜、半生瓜。
- **喜生環境** 田野開闊地。

苦瓜品種繁多，果實顏色可分為白苦瓜、綠苦瓜及粉青苦瓜；果實形狀則有紡錘形、長橢圓形、橄欖形、寬肩尖尾形及蘋果形等多種。

分布 全島低海拔田野	最佳觀察點 三峽田野	花期 夏季	花色 黃

屬名 苦瓜屬	學名 *Momordica charantia* var. *abbreviata* Ser.

山苦瓜

一年生蔓性攀緣草本植物，現已馴化為野生植物，中南部的中低海拔山區野地經常可見。全株有特殊味道，莖有稜，具卷鬚和毛茸。葉膜質，近圓形；開淡黃色花，花冠5深裂。果長卵形、具疙瘩，在鄉間及山地部落早已成為常見的料理野菜，味苦而甘。

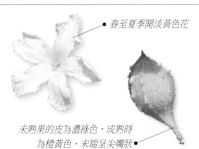

春至夏季開淡黃色花

未熟果的皮為濃綠色，成熟時為橙黃色，末端呈尖嘴狀

蔓性

- **辨識重點** 植株比一般苦瓜矮小，果小巧可愛，末端呈尖嘴狀。
- **別名** 小苦瓜、野苦瓜、短果苦瓜、假苦瓜、短角苦瓜。
- **喜生環境** 路邊坡面或開闊地。

山苦瓜含高成分的苦瓜鹼，具療效，綠色的未熟果可涼拌或炒食。

分布 全島中低海拔栽培及野生	最佳觀察點 台東山地部落	花期 2月-5月	花色 黃

屬名 紅紐子屬	學名 *Mukia maderaspatana* (L.) M. J. Roem

天花

一年生匍匐藤本，全株具粗糙的短剛毛，為蝴蝶食草。花雌雄同株，但為單性花，雄花會叢生在葉腋，黃色的鐘形花冠裂成5裂，小巧的模樣非常可愛；雌花外觀類似雄花，但以單生較多。單葉互生，葉膜質至紙質，明顯被毛，卷鬚單一，莖有稜。瓠果球形，成熟時呈橘紅色。

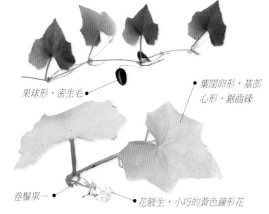

果球形，密生毛

葉闊卵形，基部心形，鋸齒緣

卷鬚單一

花腋生，小巧的黃色鐘形花

- **辨識重點** 野外要分辨本種植物非常容易，因為馬㼝兒屬和茅瓜屬都開白花，而天花則開黃花；也可由果實區分，只有天花的果實密生毛，其餘兩屬植物的果實都光滑無毛。
- **別名** 倒吊金鐘、雞屎仔藤。
- **喜生環境** 岩石區及森林中。

分布 全島低海拔田野	最佳觀察點 動物園	花期 4月-9月	花色 黃

屬名 馬㼝兒屬	學名 *Zehneria mucronata* (Blume) Miq.

黑果馬㼝兒

攀緣性草質藤本。單葉互生，葉膜質，寬卵形，3-7淺裂，鋸齒緣，上表面粗糙，有顆粒狀小凸點，下表面光滑。雌雄異株，開白色鐘形花，花謝時轉為黃色。果實球形至橢圓球形，常具有白色粉面，成熟時轉為黑色。

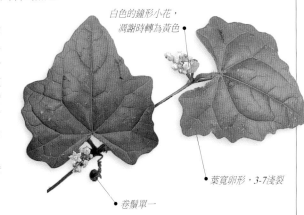

白色的鐘形小花，凋謝時轉為黃色

葉寬卵形，3-7淺裂

卷鬚單一

- **辨識重點** 台灣馬㼝兒屬的植物有兩種，另外一種是馬㼝兒（*Z. japonica*）。兩者長得很像，最大的不同點在於馬㼝兒是雌雄同株，果實會由灰白色轉成橘紅色；而本種是雌雄異株，果實會由綠色轉成黑色。
- **別名** 山刺瓜、鈕仔瓜、灣馬㼝兒。
- **喜生環境** 低海拔山野。

分布 全島低海拔森林	最佳觀察點 北宜石牌	花期 夏、秋兩季	花色 白

杜鵑花科 Ericaceae

多年生灌木或小喬木，偶有多年生草本或藤本，陸生或附生。葉互生或輪生，不具托葉。花兩性，輻射對稱或略微兩側對稱，單生或排成總狀、圓錐或繖形花序；花瓣數常為5瓣，花萼數亦為5枚，花瓣常合成筒狀。有微毒，大都生長在山地森林，許多種類分布在樹木線以上，形成高山植被；少數種類在低海拔地區，甚至生於近海地區。中國是世界杜鵑花屬植物的分布中心，該屬約有四分之三的種類原產於中國。

屬名 白珠樹屬	學名 *Gaultheria itoana* Hayata

高山白珠樹

常綠矮小灌木，木質匍匐狀，受到風剪作用的影響，有時會平鋪在地面。莖與小枝被毛或近於平滑；葉厚革質，邊緣微反捲，疏細鋸齒緣，葉背白，常有小黑點。花排成短總狀花序，著生在近枝端位置，花萼5裂，花冠白色。蒴果藏在肉質多汁的花萼內，熟時呈乳白色，多汁微甜可食，是許多野生動物在高山地區的重要食物。

- **辨識重點** 結果時，花萼會膨大並包住蒴果，就像一顆顆潔白渾圓的珍珠，吃起來清涼甘甜，帶點砂士或撒隆巴斯的味道。
- **別名** 玉山白珠樹。
- **喜生環境** 陽光充足的開闊地、岩層地或草生地。

總狀花序近頂生，小花白色

20至30公分

本種生長在中高海拔山區的草地上或林下，植株高僅10-20公分，卻是多年生木質匍匐性高山植物。

葉互生，長橢圓形，鋸齒緣

分布 中央山脈海拔2000公尺以上的高山草原和崩塌地	最佳觀察點 中橫支線，翠峰到鳶峰段	花期 3月-5月	花色 白

屬名 南燭屬	學名 *Lyonia ovalifolia* (Wall.) Drude

南燭

落葉灌木。全株有毒，花的毒性最強，連花蜜也含毒素，人畜誤食會有昏迷、呼吸麻痹和肌肉痙攣等症狀。小枝光滑，葉紙質、卵形，先端銳尖，基部圓鈍，下表面脈上被毛。總狀花序腋生，花冠壺形、白色，長約1公分，下垂。蒴果球形，徑約5公釐。要注意的是，中藥所說的「南燭」指的是杜鵑花科越橘屬的米飯花（*Vaccinium bracteatum*），不是本種。

花冠壺形，長約1公分

- **辨識重點** 本種和台灣馬醉木（見下欄）的花形類似，都是總狀花序，小花壺形。兩者最明顯的差別，在於南燭的總狀花序腋生，而台灣馬醉木的花序為頂生。
- **別名** 鳥飯花、飽飯花、南天燭、綟木。
- **喜生環境** 開闊草生地。

葉互生，比馬醉木大，而且馬醉木是叢生於枝端

分布 陽明山區及其他中高海拔山區	最佳觀察點 陽明山硫磺谷	花期 3月-6月	花色 白

屬名 馬醉木屬	學名 *Pieris taiwanensis* Hayata

台灣馬醉木 特有種

常綠小灌木，台灣特有種，喜好陽光。枝葉有毒，可用來殺蟲，小孩或家畜誤食會出現呼吸困難、昏迷及全身抽搐等症狀。小枝光滑，葉叢生於枝端，革質，倒披針形。春至秋季開花，總狀花序簇生於枝梢，一個個白色壺形花十分可愛。成熟蒴果呈褐色，開裂後仍可掛在枝梢1-2年。

淡紅色的花苞

葉脈明顯

- **辨識重點** 全年均可見其枝梢有紫紅色的嫩芽或淡紅色花苞，葉集生在枝條頂端，幼嫩時常呈紅褐色。
- **別名** 台灣桂木、台灣梫木。
- **喜生環境** 開闊地或林緣。

葉叢生在枝條頂端，葉片又厚又硬

分布 中至高海拔	最佳觀察點 梅峰地區	花期 3月-8月	花色 黃白，帶有紫斑

大戟科 Euphorbiaceae

本科以盛產橡膠、油料、藥材、澱粉等重要經濟植物著稱，著名的經濟植物，包括橡膠樹、油桐、蓖麻、木薯等。本科植物大部分為草本，也有灌木或喬木，或類似仙人掌的肉質型種類。葉為單葉或複葉，大部分互生；花單性，雌雄同株或異株，聚繖花序或特殊的杯狀聚繖花序（特稱為大戟花序，即雌雄花序聚生於杯狀總苞上），有些植物體內有乳白色汁液，對皮膚和黏膜細胞有強烈刺激作用。

屬名 鐵莧屬	學名 *Acalypha australis* L.

鐵莧菜

一年生草本植物，別名很多，不同名字也分別描繪出其不同特徵。莖細而直立，雌花與果實較為嬌小，不甚明顯，包含在葉狀苞片中，看起來就像一對蚌殼中含著一小珠子。葉互生，鋸齒緣，具有長柄，卵狀披針形。夏季開花，腋生，單性花，雌雄同株，雄性花序是紅色的穗狀花序。蒴果有粗毛，小而不明顯。

- **辨識重點** 本種與同屬的印度鐵莧菜（*A. indica*）主要差別在於後者全株綠色，不帶紅褐色，且植株較高大。
- **別名** 金射榴、鐵莧、大青草、金石榴、茶絲黃、血見愁、海蚌含珠。
- **喜生環境** 平地山野林道旁。

葉卵狀披針形，有鋸齒緣

綠色的小圓球是蒴果，被粗毛

雌花包在像貝殼的苞片中

葉狀苞片像一對蚌殼

植株多少會帶點紅褐色

分布 低海拔、平地	最佳觀察點 各地田野	花期 秋季	花色 淡綠、紅

「春日步道・祕徑賞花之旅」抽獎

每次賞花都是走馬看花，出遊回來後還是一枝花也不識？沒關係，現在有機會跟達人一起散步，聽達人講花，讓你不再霧裡看花！

活動辦法 ▶▶▶

即日起至4/12前（台北場4/6前），只要買書並寄出回函（郵戳為憑），就有機會抽中由本書作者，也是導覽經驗豐富野花達人的陳逸忠老師所導覽的乙場「春日步道・祕徑賞花之旅」喔！每場抽獎名額限量15人，每位可攜伴1人，每場共30人參加。

我要參加

□ 4/10（六）台北陽明山場「春日步道・祕徑賞花之旅」
□ 4/17（六）宜蘭礁溪場「春日步道・祕徑賞花之旅」

我的姓名：＿＿＿＿＿＿＿＿＿＿＿＿

我的地址：＿＿＿＿＿＿＿＿＿＿＿＿＿＿＿＿＿＿＿＿＿＿＿＿

我的電話（公）＿＿＿＿＿＿（私）＿＿＿＿＿＿ 手機＿＿＿＿＿＿

我的EMAIL：

★我們會以Email或電話主動聯絡得獎者，並於4/6（二）及4/12（一）同步公布在貓頭鷹知識網www.owls.tw，或上貓頭鷹Facebook及貓頭鷹嘆浪。

★本導覽活動需抽中才有參加資格，兩場導覽活動將通知集合地點，參與導覽的資格者需先在集合地點集合及解散，本活動全程以步行方式，無相關旅遊保險，請參加者注意自身安全。中獎人報到時請帶書來相認，證明有購書喔！

活動內容由貓頭鷹決定，凡參加本抽獎活動者，視同遵守本社之各項規定。其他未竟事項，貓頭鷹出版社得隨時修正補充解釋之。

104台北市民生東路二段141號5樓　貓頭鷹出版社

春日賞花小組 收

屬名 鐵莧屬	學名 *Acalypha indica* L.

印度鐵莧

一年或二年生草本，分布在全島各地，又以南部及東部地區較多。莖直立，葉披針形、有鋸齒緣，葉柄很長。雌雄同株異花，雄花排成長長的穗狀花序，雌花包覆在葉片狀的綠色苞片中。葉子曬乾後，可當茶葉使用。

- **辨識重點** 本種全株綠色，植株比鐵莧菜高大、分枝較多，葉片也較寬大。花序先端具有Y字形的異形雌花，常見於南部及東部地區。
- **別名** 印度人莧。
- **喜生環境** 開闊地樹蔭邊緣。

雌花包覆在葉片狀的綠色苞片中

葉互生，卵形

分布 東、南部低海拔地區平野	最佳觀察點 南部地區路邊樹蔭下	花期 7月-11月	花色 綠白

屬名 地錦草屬	學名 *Chamaesyce hirta* (L.) Millsp.

飛揚草

常見的一年生草本，無毒性，全株有豐富乳汁。莖匍匐、斜上或直立，淡紅色或紫紅色，明顯被毛，植株多半伏貼地面生長。葉對生，卵形，有毛且具細鋸齒緣，而花就長在對生葉子的中間，使得葉子頗有護花使者的姿態。幾乎一年四季都在開花，花為單性花，呈綠色或暗紅色，繖狀排列。果實為蒴果，有毛。

- **辨識重點** 本種植株比千根草（見128頁）大且明顯被毛，葉長大於1.5公分；而千根草的葉長則小於0.8公分。
- **別名** 大本乳仔草、乳仔草、飛陽草、大飛揚草。
- **喜生環境** 全島低地都可見。

花序腋生

典型的大戟花序：一總苞圍住單一頂生的雌花及通常5群的雄花

莖綠色或部分呈紅色，明顯被毛

單葉對生，表面有紫紅色斑紋

分布 低海拔山區及平地郊野	最佳觀察點 各地田野	花期 秋季	花色 黃綠色及淡紅色單性花

屬名 地錦草屬	學名 *Chamaesyce thymifolia* (L.) Millsp.

千根草

一年生匍匐草本,在路旁與一些狹小的隙縫都不難發現。莖葉多為紅紫色,幼株時更明顯,頗為美觀。莖的基部分枝甚多,平鋪地面,向四面八方伸展,採摘一段莖會有乳汁流出,是大戟科植物的特徵。葉對生,呈長橢圓形,葉的基部歪斜,具短柄。花同大飛揚草一樣,長在對生葉的中間,有紅紫色的總苞包圍著。蒴果稍呈球形,布滿伏毛。

- **辨識重點** 本種與伏生大戟(*C. prostrata* (Ait.) Small)非常相似,不同點在於本種花序數個聚生於葉腋,果實通常直立,整顆布滿伏毛;而伏生大戟的花序單生於葉腋,果實僅稜上被毛。

  莖葉多為紅紫色

- **別名** 小飛揚草、紅乳草、過路蜈蚣、紅尾仔草、烏仔目草。

- **喜生環境** 平地。

葉對生,長橢圓形　　　總苞紅紫色,雌雄花同生於總苞內

分布 全島低地	最佳觀察點 台大校園	花期 夏季	花色 紅紫

屬名 蓖麻屬	學名 *Ricinus communis* L.

蓖麻

多年生灌木狀草本,全株有毒,其中又以種子毒性最強,可當瀉藥,但使用過量會中毒,嚴重時會致命。莖直立中空,有明顯的節,幼嫩部分被有白粉。單葉互生,掌狀,5-11裂,葉柄很長。夏季開花,圓錐花序開在各分枝頂端,雌花生於花序上部,無花瓣,3裂狀花柱紅色;雄花生於花序下部,由多數淡黃色雄蕊組成。蒴果表面有軟刺,成熟後3裂;種子布滿黑褐色花斑,形狀頗似牛蜱,所以叫「蜱麻」,後來轉為「蓖麻」。

雌花序生於上端,柱頭紅色三叉

蒴果球形,表面有軟刺

- **辨識重點** 掌狀葉及外被軟刺的球形蒴果。

- **別名** 牛蓖、紅麻、金豆、大麻子。

- **喜生環境** 平地及山麓。

雄花生於花序下部,由多數淡黃色雄蕊組成

分布 低海拔山區及平地郊野	最佳觀察點 各地田野	花期 夏、秋兩季	花色 黃綠及淡紅單性花

紫菫科 Fumariaceae

本科植物均為草本，有水狀汁液，有些種類為攀援植物。葉基生、互生，常為複葉，無托葉。花兩性，不整齊花，下位；萼片2，花瓣狀，早落；花瓣4，2輪。果實為蒴果或堅果。全世界共有16屬約450種，主要分布於北溫帶，少數種類分布於非洲；台灣有2屬。本科許多種類可培植為觀賞植物。

屬名 紫菫屬	學名 *Corydalis incisa* (Thunb.) Pers.

刻葉紫菫

二年生草本。莖直立，簇生，莖上有稜。基生葉二至三回三出複葉，具葉柄，羽片倒卵形。花紫藍色，苞片菱狀倒披針形至扇形，有缺刻。蒴果長橢圓形，表面平直，果實裡面有彈性構造，成熟時，輕輕碰觸就會裂開，成熟的種子從裡面彈散出來，植物就靠這樣彈跳的力量散播出去。

- **辨識重點** 本種與伏莖紫菫（*C. decumbens* (Thunb.) Pers.）很像，差別在於伏莖紫菫有塊莖且苞片全緣，無缺刻。
- **別名** 紫菫、紫花魚燈草、裂苞紫菫。
- **喜生環境** 海濱及潮濕地。

花細小，紫藍色

花瓣前端呈明顯的深紫色

蒴果長橢圓形，成熟時，輕輕碰觸就會裂開

羽狀複葉的形狀像胡蘿蔔葉

屬名 紫堇屬	學名 *Corydalis koidzumiana* Ohwi

密花黃堇

二年生草本，小花具有4個造型特化的花瓣。最上方的花瓣最大，並有一向後延伸的袋狀構造，稱之為距，裡面有花絲所分泌的花蜜；兩個側邊的花瓣向後延伸，行成中空的鞘，雌蕊、雄蕊就位於其中。當昆蟲著陸到鞘上向內探尋花蜜時，花粉就會沾到昆蟲身上，等此昆蟲再拜訪下一朵花時，就可完成傳粉工作。基生葉二回三出複葉，羽片卵形。花密生、黃色，苞片披針形、全緣。蒴果紡錘形。

- **辨識重點** 花距長約為花瓣長的2/5。
- **喜生環境** 陰濕地區。

總狀花序，
花黃色

二回三出複葉

豆莢形果實，
長約4-5公分

莖幹中空，
紫綠色

植株多分枝，
枝呈斜上升狀

15
至
30
公
分

海濱植物，植株像芹菜一樣有中空的莖幹。

分布 北部低海拔地區	最佳觀察點 貢寮海邊	花期 3月-5月	花色 黃

龍膽科 Gentianaceae

草本或藤本，稀灌木狀或小喬木。單葉對生，無托葉，全緣或不明顯細齒緣。花單生或排成聚繖花序，花兩性，放射對稱；花萼筒狀；雄蕊與花瓣互生。果實為蒴果，稀漿果。大都生長在高山上，有些種類被栽培成觀賞植物，也有一些種類用來做藥品和調味料。台灣有5屬。

屬名 百金屬	學名 *Centaurium japonicum* (Maxim.) Druce

百金

一年生直立草本，僅零星散布於台灣北部海濱、花蓮、台東、台南及蘭嶼等地，數量相當稀少，生長在珊瑚礁或岩石間的平坦隙地稍有土壤之處。花雖然小，但翠綠色植株小巧可愛，非常容易招致遊客攀折採摘。全株綠色，植株有許多分歧，莖具四稜，高30公分左右。葉無柄，紙質，對生，長橢圓形。花單生，腋出，具2綠色苞片，花冠紫紅色，高腳杯形，5裂。蒴果圓狀長橢圓形，上有網紋。

- **辨識重點** 全株綠色，葉無柄，開紫紅色的高腳杯形花。
- **別名** 百金花、苦草仔、島當藥。
- **喜生環境** 海濱砂地和岩縫中。

花單生，腋出，紫紅色

莖具四稜

葉無柄，對生

30公分

自生於北部、東部、蘭嶼及綠島海濱砂地和岩縫，翠綠色的植株小巧可愛。

分布 北部、東部、蘭嶼及綠島海濱砂地和岩縫	最佳觀察點 蘭嶼海邊、台東三仙台	花期 夏、秋兩季	花色 紫紅

苦苣苔科 Gesneriaceae

本科廣泛分布在世界各地的熱帶和亞熱帶地區，部分種已經分布到溫帶地區。大都為具有根狀莖的多年生草本或亞灌木，也有少部分是灌木或小喬木。葉通常為單葉，對生、互生、輪生或蓮座狀基生。花單生或通常成聚繖花序，稀呈總狀花序，雄蕊著生花冠。果實為蒴果或漿果。本科不少植物開美麗的花，廣泛引種各地作為觀賞植物，比如著名的大岩桐屬（Gloxinia）、非洲菫屬（Saintpaulia，非洲紫羅蘭屬）等。

屬名 俄氏草屬	學名 *Titanotrichum oldhamii* (Hemsl.) Solereder

俄氏草

多年生草本，台灣的俄氏草屬植物只有本種，喜歡生長在陰暗潮濕的岩石上或山溝旁，都在一般植物不容易生長的地方。秋天盛開黃色花朵，如成串的風鈴在風中搖曳，頗有孤芳自賞的味道。莖圓柱形或具4稜，密被褐色毛。葉橢圓形，紙質，對生，上部者偶互生，疏被細柔毛，粗鋸齒緣。總狀花序假頂生，花冠黃色。蒴果卵形，淡褐色。

- **辨識重點** 長長的黃色花冠筒，花冠內外分別為鮮黃色與酒紅色，十分醒目。
- **別名** 台閩苣苔。
- **喜生環境** 低至中海拔潮濕岩石上及小山溝旁。

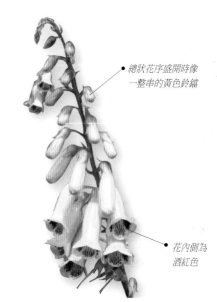

總狀花序盛開時像一整串的黃色鈴鐺

花內側為酒紅色

30公分

台灣原生種，屬於地生性草本植物，喜歡生長在較暗又潮濕的環境。

分布 全島低至中海拔山區	最佳觀察點 台北平溪	花期 7月-12月	花色 黃

屬名 旋蒴木屬	學名 *Paraboea swinhoii* (Hance) Burtt

旋蒴木

小灌木，一般生長在低至中海拔的小山溝岩石上或林道邊，性喜半日照。南部有人曬乾後泡茶，據說有強肝療效。莖密被褐色綿毛，高30-60公分。單葉對生，長橢圓披針形，長可達15公分，上面疏被灰色綿毛，下面密被褐色綿毛，全緣或鋸齒緣。圓錐花序頂生或腋生，花冠白色。蒴果線形，旋扭狀裂開。

- **辨識重點** 葉背褐色；成熟果實外面有逆時針一圈圈的螺紋。
- **別名** 錐序蛛毛苣苔。
- **喜生環境** 林緣、路旁或小山溝岩石上。

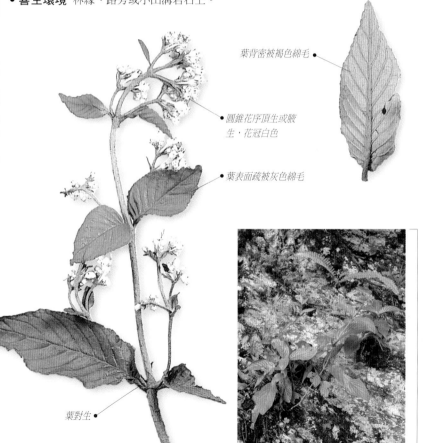

葉背密被褐色綿毛

圓錐花序頂生或腋生，花冠白色

葉表面疏被灰色綿毛

葉對生

30 至 60 公分

本種一般生長在低至中海拔的小山溝岩石上或林道邊。

分布 全島中低海拔半日照處	最佳觀察點 丹大林道	花期 夏季	花色 白

草海桐科 Goodeniaceae

通 常為草本，也有亞灌木或灌木，主要分布在澳洲。在台灣僅有2種，為直立或匍匐性小灌木。單葉，無托葉，叢生於枝頂端。花兩性，兩側對稱，單生或成聚繖花序；花冠常5裂，唇形僅具1唇片；萼片5裂，雄蕊5，與花冠裂片互生。果實為蒴果，略肉質。

屬名 草海桐屬	學名 *Scaevola sericea* Forster f.

草海桐

常綠性灌木，是常見的濱海植物，無論砂地或岩石地都可發現它粗莖肉質葉的植株。由於生長迅速、耐鹽性佳、抗強風、耐旱性強，是優良的海岸防風定砂樹。莖粗大，光滑無毛。葉互生，肉質，叢集於枝條頂端，長倒卵形，汆燙後便能炒出一道可口的野菜，味道特殊。花序聚繖狀，生於葉腋，花冠筒狀，呈左右對稱。核果熟時白色，被增大的宿萼包裹，多汁而味美，可供食用。

- **辨識重點** 花左右對稱而非輻射對稱，每個花瓣邊緣像極了滾上蕾絲邊，搭配彎曲的花柱，相當有趣。
- **別名** 海桐草、草扉。
- **喜生環境** 海濱砂地至珊瑚礁岩。

花瓣邊緣好像滾上了蕾絲邊

花冠筒狀，呈左右對稱

果實上花萼宿存，幼果綠色

成熟果白色，可食

台灣各地岩石、珊瑚礁隆起海岸及島嶼都可發現，是海邊防風、定砂、綠化用樹種。

100 至 200 公分

葉互生，肉質，叢集於枝條頂端

聚繖花序生於葉腋

分布 全島海岸一帶	最佳觀察點 東北角海岸	花期 夏、秋兩季	花色 白

唇形科 Labiatae (Lamiaceae)

本科大都是草本，很少有木本植物。莖通常呈四稜形；單葉，通常十字對生。花兩性，萼片5枚，合生；花瓣5枚，合生，通常二唇；4小堅果。本科植物富含多種芳香油，如薄荷、迷迭香、羅勒、鼠尾草等，黃芩、藿香、薄荷、紫蘇、夏枯草、益母草等則可當藥用，也有觀賞用植物種類。這些植物一般都很容易用扦插繁殖。

屬名 筋骨草屬	學名 *Ajuga pygmaea* A. Gray

矮筋骨草

多年生矮小草本，族群易受破壞，有逐漸減少趨勢，但因類似的生育地頗多，推測可能尚有未知的族群存在，保育等級屬於接近威脅的物種。筋骨草屬為唇形科中較原始的一群，主要為草本，植株具走莖，常在節上生不定根，並形成蓮座狀葉。葉倒披針形，疏被長柔毛。花冠假單唇，上唇極短，2深裂或淺裂；下唇較大，3裂，中裂片極發達。花藍紫色，單生於枝條頂端葉腋內，每節生2朵花。堅果倒卵珠狀三稜形，背部具顯著的網狀皺紋。

- **辨識重點** 僅具基生葉，走莖末端發育成新植株藉以繁殖。植株低矮，葉片墨綠油亮，開紫色花。
- **別名** 紫雲蔓、矮金瘡草、小筋骨草、金瘡小草。
- **喜生環境** 開闊砂礫地。

走莖的節上常生出不定根

花冠藍紫色

葉倒披針形，波狀鋸齒緣

5至10公分

葉為收斂劑，可治療金瘡及刺傷，因此又名矮金瘡草。

分布 北部沿海地區	最佳觀察點 台北縣貢寮鄉	花期 11月-次年4月	花色 藍紫

屬名 筋骨草屬	學名 *Ajuga taiwanensis* Nakai *ex* Murata

台灣筋骨草

一年生草本，植株不大，特別適應半陰及向陽的生長環境。莖基部傾斜或匍匐，上部直立，多分枝，四稜形，全株密被白色柔毛。單葉對生，具柄；葉片長橢圓形，先端圓鈍，基部漸窄，邊緣波狀，下面及葉緣常帶有紫色。穗狀花序，花冠唇形，淡紫色或白色。堅果灰黃色，表面具有網狀紋。

花冠淡紫色

葉片長橢圓形，波狀緣，被短毛

莖葉常帶紫褐色

- **辨識重點** 最顯著的特徵是大型的匙狀根生葉，莖葉帶紫褐色調，十分特別。
- **別名** 散血草、有苞筋骨草、金瘡小草、青魚膽草。
- **喜生環境** 路旁、林邊、草地。

分布 全島低、中海拔	最佳觀察點 二格山	花期 秋、冬季	花色 淡紫白

屬名 毛藥花屬	學名 *Bostrychanthera deflexa* Benth.

毛藥花

多年生草本。葉近無柄，狹橢圓形，鋸齒緣，兩面疏被毛，脈上毛茸較密。腋生疏落的聚繖花序，紫紅色的花向下俯傾，如果不把花序翻開，還真的不容易發現已經開花了。花萼鐘形，花冠漏斗狀，筒部內面被毛；花絲被毛，花藥2室，藥室上端具叢毛；花柱上的柱頭2叉，花藥布滿白色柔毛。小堅果圓形，核果狀。

葉狹橢圓形，鋸齒緣

花全長在葉子下面。腋生聚繖花序，花冠紫紅色

- **辨識重點** 花冠紫紅色，花全長在葉子下面，柱頭2叉，花藥布滿白色柔毛。
- **別名** 華麝香草。
- **喜生環境** 林緣。

分布 中北部中低海拔山區密林中	最佳觀察點 陽明山國家公園	花期 8月	花色 淡紫紅

| 屬名 風輪菜屬 | 學名 *Clinopodium chinense* (Benth.) Kuntze |

風輪菜

多年生草本，嫩莖葉可食，可作為野菜。莖方形，基部匍匐生根。單葉對生，卵形至寬卵形，基部楔形至圓形，兩面被長曲柔毛，上面較密，下面疏，鋸齒緣。輪生聚繖花序，花序半球形，花冠筒狀，紫紅色。小堅果近球形，具稜。

輪生垂繖花序
頂生或腋生

花序半球形，
花冠紫紅色

葉對生，上下
表面被短柔毛

莖方形，
被短細毛

- **辨識重點** 風輪菜屬的植物在台灣約有3種，在低海拔地區較常見的有兩種，依照葉兩面毛的有無可以簡單區分開來：本種葉兩面密被長曲毛，另一種葉兩面光滑無毛的是光風輪（見下欄）。
- **別名** 小本夏枯草瓜。
- **喜生環境** 低海拔水溝邊及潮濕處，十分常見。

| 分布 中低海拔荒地及路旁 | 最佳觀察點 石碇山區 | 花期 3月-8月 | 花色 白至淡紫紅 |

| 屬名 風輪菜屬 | 學名 *Clinopodium gracile* (Benth.) Kuntze |

光風輪

一年生或多年生草本。風輪菜屬的植物，花是由許多小花密集在同一處往上往下大約等距成簇生長，整個花序就像是一層一層的花塔。莖細長，莖節處長根。葉對生，葉片基部圓形或截形，兩面無毛，脈上疏被短毛，背面具黃色腺點。花序頂生，輪生狀，形成穗狀花序，花冠淡紅色或白色。

花序輪生，像是
一層層的花塔

葉對生，葉片
基部圓形或截形

花冠
淡紅或白色

- **辨識重點** 與本種相似的風輪菜，在野外要區別兩者，可從葉兩面毛的有無或多寡來區分，本種僅在葉脈上才容易發現有短疏毛。
- **別名** 塔花、剪刀草。
- **喜生環境** 日照強的山野、草地上。

| 分布 中低海拔路旁及草地 | 最佳觀察點 公園、學校花圃 | 花期 春季 | 花色 淡紅或白 |

屬名 金錢薄荷屬	學名 *Glechoma hederacea* L. var. *grandis* (A. Gray) Kudo

金錢薄荷

多年生匍匐草本，因為葉子圓如銅錢而得名。全株被短柔毛，成熟的莖四稜形，有分枝，節著地生根。葉對生，圓形，基部心形，邊緣有圓齒，兩面脈上均有短柔毛。春至秋季開花，2-3朵腋生，花冠淺紅紫色，下唇有深色斑點，內面被毛。小堅果長圓形，褐色。

- **辨識重點** 本種形態與繖形科的雷公根（*Centella asiatica* (L.) Urban）近似，差別在於雷公根是互生葉，葉色較深綠，葉表面平滑。
- **別名** 大馬蹄草、白花仔草、地錢草、活血丹、連錢草、金錢草、肺風草。
- **喜生環境** 林緣、路旁或小山溝。

15
至
30
公
分

喜歡生長在潮濕蔭蔽的溝邊、山野、草叢及林緣，民間也有栽培當藥草，可治腹痛、腰骨痛及感冒咳嗽等症狀。

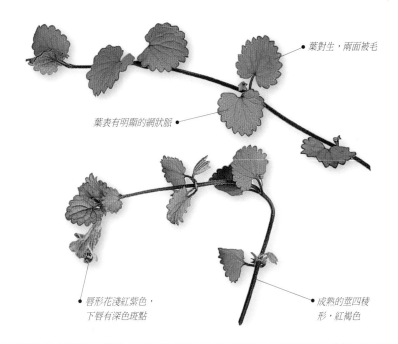

葉對生，兩面被毛

葉表有明顯的網狀脈

唇形花淺紅紫色，
下唇有深色斑點

成熟的莖四稜
形，紅褐色

分布 全島中低海拔半日照處	最佳觀察點 阿里山	花期 夏、秋兩季	花色 淺紅紫

屬名 香苦草屬	學名 *Hyptis suaveolems* (L.) Poir.

香苦草

一年生草本，全株被毛，具香氣。莖直立，方形。單葉對生，卵形，薄紙質，邊緣有小鋸齒，兩面均被疏柔毛，揉之有香氣。紫色花腋生，聚繖花序2-4朵。果期在秋冬之際，小堅果矩圓形、扁平、暗褐色，用水煮開後放涼，會在種皮外面形成一層透明膠狀如粉圓般的物質，故名「山粉圓」。

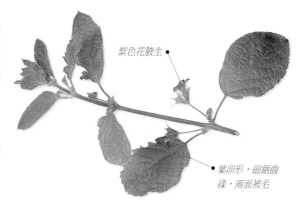

紫色花腋生

葉卵形，細鋸齒緣，兩面被毛

- **辨識重點** 葉有特殊味道，具有薄荷的甜甜清涼香氣。小果實為暗褐黑色，種子表面布滿細小的纖毛。
- **別名** 山粉圓、狗母蘇、山香、臭屎婆、山薄荷。
- **喜生環境** 森林邊緣及路旁草地上。

分布 全島低海拔山區	最佳觀察點 南橫新武附近	花期 春、夏兩季	花色 紫

屬名 益母草屬	學名 *Leonurus sibiricus* L.

益母草

一年至二年生草本，有去瘀生新、活血調經、利尿消腫等功效，是歷代醫家用來治療婦科疾病的要藥，因此得名。莖直立、方形，全株被伏生短毛。基生葉卵心形，具長柄，花開時枯萎；莖生葉對生，中段成深裂狀，上部成線形，背密生白短毛。花序輪繖狀，集生於葉腋；唇形花冠白色或淡紅色，花萼筒狀鐘形。小堅果長橢圓形，曬乾的果實稱為茺蔚子。

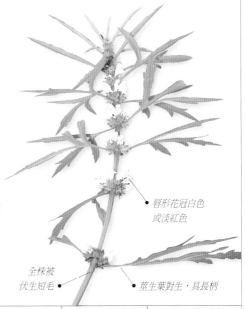

唇形花冠白色或淡紅色

全株被伏生短毛

莖生葉對生，具長柄

- **辨識重點** 莖方形，有稜；葉因生長部位不同而分為三型；苞片針刺狀。
- **別名** 茺蔚、益母蒿、益母艾、坤草、田芝麻、豬麻、野天麻、地母草。
- **喜生環境** 圳溝旁、平野、路邊。

分布 全台低海拔路旁及荒地	最佳觀察點 台北植物園	花期 春至夏季	花色 白或淡粉紅

屬名 白花草屬	學名 *Leucas chinensis* (Retz.) R. Br.

白花草

多年生草本，原生於台灣全島低海拔地區，海岸邊的坡地尤多，能適應不良環境，栽培非常容易。全草可供藥用，有清熱解毒功效。莖方形，葉卵形、鋸齒緣，兩面被白色伏生絹狀毛。繖形花序於葉腋上輪生，每花序3-5朵花；花冠白色，筒狀唇形，花萼筒狀，非常顯著。

輪生聚繖花序，密生於葉腋

莖被白色細毛

- **辨識重點** 輪生聚繖花序密生於葉腋，葉兩面被白色伏生絹狀毛。
- **別名** 金錢薄荷、春草、鼠尾黃、疏毛白絨草。
- **喜生環境** 海邊空曠地。

葉對生，卵形，粗鋸齒緣

分布 全島低海拔地區	最佳觀察點 福隆海邊	花期 夏、秋兩季	花色 白

屬名 仙草屬	學名 *Mesons chinensis* (L.) Benth.

仙草

一年生草本，植株匍匐狀。具清熱利濕、涼血解暑的功效，仙草茶與仙草凍是夏日消暑的最佳食品。莖方形，略帶紅褐色。葉片卵形，單葉對生，含大量膠質，可養顏美容；表面被細毛或僅背面脈上被毛，鋸齒緣。頂生圓錐狀輪生聚繖花序，花冠淡紫色或白色。小堅果倒卵形，有縱紋，黑色。

應用部位是莖、葉，乾燥後可以加水熬煮成仙草茶或製成仙草凍。

30 至 50 公分

圓錐狀輪生聚繖花序，花冠淡紫色

- **辨識重點** 莖上部直立，下部伏地，四稜形。
- **別名** 仙草舅、田草、洗草、薪草、涼粉草、仙人草。
- **喜生環境** 陰涼潮濕稍冷的砂質地草叢中。

單葉對生，鋸齒緣

莖方形，略帶紅褐色

分布 全島平野山麓，中北部大量栽培	最佳觀察點 木柵動物園	花期 10月至次年2月	花色 淡紫或白

屬名 羅勒屬	學名 *Ocimum basilicum* L.

羅勒

一年生直立草本，性溫、味辛，有行血、祛風功效，能治療跌打損傷或筋骨痠痛，臨床上要促進青少年發育，可配合其他藥方服用。莖方柱狀，莖上密生短毛。單葉對生，葉片橢圓形，先端銳尖，疏鋸齒緣，兩面無毛，被腺點。花冠淡紫色或純白色，排成頂生總狀花序。小堅果卵珠狀，黑褐色。

總狀花序頂生，每3-5朵小花為一輪

葉對生，橢圓形，疏鋸齒緣

有青莖及紫莖兩個品種，紫莖種香氣較強烈

- **辨識重點** 夏秋開紫色或白色穗狀花序，枝葉具強烈香氣。
- **別名** 九層塔、零陵香、菜板草、薰尊、佩蘭。
- **喜生環境** 溫暖的環境。

分布 全島低海拔郊區庭園栽植	最佳觀察點 平溪農村庭園	花期 夏、秋兩季	花色 淡紫或純白

屬名 野薄荷屬	學名 *Origanum vulgare* L. var. *formosanum* Hayata

野薄荷

多年生宿根性草本。開花時花瓣、花萼互相輝映，顏色鮮明，是令人驚豔的本省固有植物，嫩莖葉可食用。莖方形，被毛。單葉對生，葉片長卵形，細銳鋸齒緣，兩面被白色細毛，背面具腺點。頂生聚繖圓錐花序，花萼鐘形，花冠筒狀，白色至淡紫色。小堅果卵形，褐色。

小花呈穗狀花序排列，再組合成繖房或圓錐花序

莖方形，被短柔毛

葉對生，兩面被白色細毛

- **辨識重點** 看起來與薄荷有點像，但本種只有淡淡清香。莖略帶紫紅色，四方形，具短柔毛。
- **別名** 台灣野薄荷、川香薷、台灣牛至、土香薷、五香草、山薄荷、土茵陳、白花茵陳、小葉薄荷、野荊芥。
- **喜生環境** 路旁、土坡及林下。

分布 全島中海拔山野	最佳觀察點 梅峰地區	花期 7月-12月	花色 白至淡紫

屬名 夏枯草屬	學名 *Prunella vulgaris* L. var. *asiatica* (Nakai) Hara

夏枯草

多年生草本，冬天開始生長，夏末全株枯萎。全株被白色細毛，有匍匐根狀莖，莖多不分枝，四稜形，通常帶點紅紫色。葉對生，橢圓形，近全緣，邊有細鋸齒，兩面微被短毛，下面有腺點。春末夏初時開花，輪繖花序，6花一輪，花冠唇形，紫紅色。果為堅果，褐色，三稜狀長橢圓形。

花冠唇形，紫紅色

輪生聚繖花序

葉對生，兩面被毛

莖四稜形

- **辨識重點** 具四方形的莖和唇形花瓣，花穗一到夏天就枯掉，看起來就像是鐵色鏽一樣，所以以別名「鐵色草」。
- **別名** 棒槌草、鐵色草、大頭花、夏枯頭。
- **喜生環境** 路旁、草地、林邊。

分布 全島各地中高海拔山區	最佳觀察點 大屯山區	花期 夏季	花色 紫紅

屬名 鼠尾草屬	學名 *Salvia hayatana* Makino *ex* Hayata

早田氏鼠尾草 　特有種

台灣特有種，常出現在溪邊及邊坡潮濕的石頭上。葉基生，1至2回羽狀複葉，兩面無毛或疏被微毛。羽狀複葉上的小羽片，一般約有7-9片，是台灣現有野生鼠尾草中數目最多的；頂羽片卵形，邊緣不規則缺刻，基部淺心形，葉背有時呈暗紫色。花冠白色。

常出現在低海拔山區的潮濕地帶。

筒狀花冠白色

細長花莖上輪生小白花

30至60公分

- **辨識重點** 羽狀複葉，顏色綠中帶紅褐色；細長花莖上輪生小白花。
- **別名** 白花鼠尾草、羽葉紫參。
- **喜生環境** 林蔭邊緣或溪邊。

分布 低海拔山區	最佳觀察點 深坑、石碇山區	花期 5月-9月	花色 白

| 屬名 鼠尾草屬 | 學名 *Salvia nipponica* Miq. var. *formosana* (Hayata) Kudo |

黃花鼠尾草　特有種

一年生草本，莖方形，節處生根蔓生
於地面。葉莖生，戟形，先端長漸
尖，齒狀粗鋸齒緣，表面被微毛，背
面無毛或脈上被微毛及腺點。輪生聚
繖花序合成頂生總狀或圓錐花序，花
冠黃色。在秋季走訪陽明山國家公
園，步道旁或林蔭下都很容易見到它
迷人的風采，在台灣特有種野生植物
中算是極富觀賞價值的一種。

- **辨識重點** 葉片形狀特殊，呈少見
  的戟形。
- **別名** 台灣日紫參。
- **喜生環境** 陰濕的地方。

鮮黃色的唇形花瓣

輪生聚繖花序有時
形成獨立的花莖

台灣特有種，花與葉都極吸引人，是適合
推廣種植觀賞的本土植物。

30
至
60
公
分

| 分布 中、低海拔陰濕闊葉林下 | 最佳觀察點 大屯山蝴蝶花廊 | 花期 9月-11月 | 花色 黃 |

屬名 黃芩屬	學名 *Scutellaria barbata* D. Don

向天盞

多年生草本，分布於全島低海拔水邊或濕草地，多見於北、中及東部的平原、庭園潮濕地。莖四方形，有纖毛；葉對生，葉片狹卵形至卵形，基部截形至鈍形，先端銳尖至鈍形，鋸齒緣，兩面無毛，被腺點，無柄至葉柄長5公分。總狀花序頂生，花冠淡紫紅色或藍紫色，上下萼片包覆著花朵，花謝後上下萼會閉合，裡面長出種子。

花兩兩成對，花冠淡紫紅色

葉對生，兩面無毛

莖四稜形，有纖毛

30至40公分

夏末開花，成串的花大約有20幾朵，非常壯觀。

- **辨識重點** 直立的莖上，花兩兩成對，並朝向同一側。
- **別名** 半枝蓮、乞丐碗。
- **喜生環境** 低海拔水溝邊及潮濕處，十分常見。

分布 低海拔、平地	最佳觀察點 石碇山區	花期 夏、秋兩季	花色 淡紫紅或藍紫

屬名 黃芩屬	學名 *Scutellaria indic* L.

印度黃芩

多年生草本，北部中、低海拔山區較常見。莖、枝常帶紫色，全株密被柔毛。莖直立或基部傾伏；葉對生，闊卵形，粗鋸齒緣，葉背具有腺點。春至夏季開花，疏穗狀花序頂生，花序長約8公分，花冠筒狀，白紫色。小堅果卵形。

疏穗狀花序頂生，花序長約8公分

全株密被柔毛

葉闊卵形，粗鋸齒緣

- **辨識重點** 結果時，小花朵的形狀像極了掏耳朵的耳挖棒，因此別名「耳挖草」。
- **別名** 耳挖草、立浪草、韓信草、煙管草。
- **喜生環境** 山野林緣陰濕處。

分布 低、中海拔的陰濕處	最佳觀察點 平溪、石碇山區	花期 秋季	花色 白紫

屬名 水蘇屬	學名 *Stachys arvensis* L.

田野水蘇

一年生草本，以田野為名，自然是生長在田野荒廢雜草地上，尤其是田邊的雜草地為甚。莖四方形，具有細柔毛。葉片卵形，葉柄短，基部心形，先端圓形，鋸齒緣，兩面疏被短毛。總狀花序頂生或腋生，從葉的基部冒出來，花萼鐘形，分裂成5齒，先端芒尖，花冠筒狀。

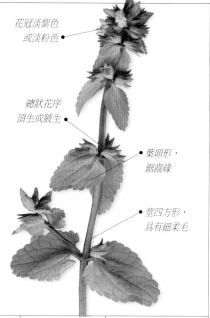

花冠淡紫色或淡粉色

總狀花序頂生或腋生

葉卵形，鋸齒緣

莖四方形，具有細柔毛

- **辨識重點** 水蘇屬植物在台灣有兩種，葉子披針形的是長葉水蘇（*S. oblongifolia* Benth），本種葉子為卵形。
- **別名** 鐵尖草、毛萼刺草。
- **喜生環境** 林下及田野濕地。

分布 北部低海拔山區	最佳觀察點 陽明山竹子湖	花期 1月-5月	花色 粉紅至淡紫

屬名 鈴木草屬	學名 *Suzukia shikikunensis* Kudo

鈴木草 〔特有種〕

多年生草本，為台灣特有種。唇形科鈴木草屬為東亞島弧特有，僅分布在台灣、綠島及琉球群島，本屬植物全世界僅有兩種，分別是本種及琉球鈴木草（*S. luchuensis* Kudo）。具匍匐莖；葉寬卵形，粗鋸齒緣，兩面被白色長硬毛。總狀花序腋生，花冠筒狀，花瓣色澤紫色白色相間，二唇，上唇直立帽狀，下唇平伸。

紫色花瓣有白色斑紋

葉寬卵形，粗鋸齒緣

莖匍匐

- **辨識重點** 莖匍匐，葉寬卵形；總狀花序腋生，花瓣紫色白色相間。
- **別名** 假馬蹄草、台灣鈴木草。
- **喜生環境** 半陰性路旁。

分布 全島中低海拔山區路旁	最佳觀察點 陽明山	花期 3月-10月	花色 紫白相間

樟科 Lauraceae

大都為喬木或灌木，僅有無根藤屬（*Cassytha*）為纏繞性寄生草本，大都具芳香味；葉羽狀脈或3出脈，無托葉；花大都小而芳香，有花部腺體，為蟲媒傳粉，圓錐狀聚繖花序。果實為漿果或核果，常有肉質果托。本科植物是熱帶雨林地區的典型植物，為山地森林的重要組成部分，在台灣尤其是低海拔山區的優勢樹種；本科經濟植物繁多，用途很廣，台灣曾經是樟腦生產王國，主要用來除蟲，樟科植物製作的家具有防蟲的效果，現在則成為輕化工和醫藥的重要原料。

屬名 無根草屬	學名 *Cassytha filiformis* L.

無根草

半寄生草本，黃綠色、黃色至橘黃色，近海岸地帶常見。莖纖細，匍匐纏繞多分枝。主要行異營生活，含有少量葉綠素，缺乏寄主時可進行光合作用，不具一般高等植物的根和完全花，藉寄生根與吸器侵入宿主獲得水和營養，無特定寄生對象，但宿主多為草本植物。葉片退化成微小鱗片，互生。花序穗狀，花黃白色；外輪花被三角狀卵形，內輪者長橢圓狀卵形。果球形，綠白色，帶有一點樟腦味道。

- **辨識重點** 莖細長，匍匐纏繞，分枝多；葉退化為微小鱗片。
- **別名** 無根藤、蟠纏藤、無葉藤、藤仔、砂蔓、羅網藤、膠藤。
- **喜生環境** 日照強烈、有鹽分的土地。

果球形，綠白色

花序穗狀，花黃白色

莖會不斷分枝，又細又長

分布 台灣東部或南部較多見	最佳觀察點 南部海邊	花期 8-12月	花色 白或淡黃

豆科 Leguminosae(Fabaceae)

草本、藤本、灌木或喬木，根部絕大多數具有根瘤菌，會吸取大氣中的游離氮素，所以本科植物對土壤改良有益。單葉或複葉，常為羽狀複葉，一般互生；果為莢果。本科有重要的經濟價值植物，也有很多綠肥植物或藥用植物，有毒植物也不少。台灣自生及歸化的有79屬。

屬名 煉莢豆屬	學名 *Alysicarpus vaginalis* (L.) DC.

煉莢豆

多年生草本，經常和其他草類混生。主根極深，且有向四周蔓延生長的能力，在水土保持界深受重視，根上面還有根瘤菌共生，可改良土壤肥力。此外，煉莢豆為台灣原產的野生種類，推廣栽植後，不會有生態污染的危險。莖匍匐地上，部分直立；枝葉密布粗毛，葉橢圓形互生，葉端圓形或微凹，托葉乾膜質。入夏後，鮮明的紫紅花一一伸出，花排列成頂生或腋生的總狀花序。莢果扁筒狀，外有腺毛，能黏附人畜身上，乾後會斷裂成4-7節。

20公分

分布在全島向陽的路旁、草原、操場等草皮上，在空曠的平野常成群聚生，蔓延成塊狀。

- **辨識重點** 小葉外形類似花生葉，開紫紅色花。
- **別名** 山地豆、山土豆、土豆舅、單葉豆。
- **喜生環境** 開闊草地上。

托葉乾膜質

莢果初為綠色，後為黑色

小枝條細長，密生毛茸

花紫紅色

分布 低海拔山區、郊野	最佳觀察點 台大農場	花期 夏季	花色 紫紅

屬名 紫雲英屬	學名 *Astragalus sinicus* L.

紫雲英

二年生草本，可當綠肥及飼料，也可當作救荒野菜，花及嫩葉可食。全株被短柔毛；奇數羽狀複葉，小葉9-11枚，倒卵形至橢圓形，先端圓形或微凹。繖房花序聚集於花莖頂端，花瓣蝶形，花粉紅至淡紫色。莢果三角形，成熟時黑色。

- **辨識重點** 莖蔓生，無毛；奇數羽狀複葉，開粉至紫紅色蝶形花。
- **別名** 紅花豆、翹搖、鐵馬豆、野蠶豆。
- **喜生環境** 草地。

花穗生在枝頂，粉紅至紫紅色

奇數羽狀複葉，小葉9-11枚

10 至 25 公分

莖匍匐柔軟，中空而多汁

春天時，台灣北部路邊或稻田邊常可見到成群的植株向著天空吐出一根根長長的花軸，粉紅的花朵在綠葉的襯托下格外鮮明。

分布 北部路邊平野	最佳觀察點 陽明山竹子湖	花期 3月-6月	花色 粉紅至淡紫

屬名 羊蹄甲屬	學名 *Bauhinia championii* Benth.

菊花木

常綠木質藤本，莖橫斷面的木質部和韌皮部交錯而呈現菊花狀花紋，因此得名。全株光滑，幼枝先端會生出數個卷鬚，每一條卷鬚先端二分叉，常常會攀附在高大喬木上，向上生長。單葉互生，卵形，革質，有明顯的平行脈，先端漸尖，多數呈燕尾狀，十分特殊。花小型不顯眼，呈黃白色，總狀花序頂生。莢果扁長形，熟時暗紫色。

總狀花序頂生，花黃白色

嫩枝與花序均著生黃色茸毛

- **辨識重點** 莖光滑、棕色，斷面有菊花狀花紋。
- **別名** 花藤、龍鬚藤、羊蹄藤、缺葉藤。
- **喜生環境** 山坡、溪邊、疏林或灌叢中。

分布 低海拔山區	最佳觀察點 平溪孝子山	花期 夏、秋兩季	花色 黃白

屬名 木豆屬	學名 *Cajanus cajan* L.) Mill.

樹豆

多年生直立小灌木，耐旱性強，繁殖容易。分枝多，老莖光滑，小枝具灰白色短柔毛。三出複葉，小葉長橢圓狀披針形，密生毛茸。蝶形花冠黃色，腋生短總狀花序；莢果鐮刀狀。種子營養豐富，是早年阿美族的傳統主食，民間也常以樹豆燉食排骨作為養生食材，也可供作飼料。乾莖也做燃料，幼嫩植株可做綠肥，對土壤改良極具價值。

羽狀三出複葉

總狀花序腋生

蝶形花冠黃色

莢果鐮刀狀，種子營養豐富

- **辨識重點** 全株被有短柔毛，葉為羽狀三出複葉，開黃色的蝶形花。
- **別名** 木豆、蒲姜豆、柳豆、白樹豆、米豆。
- **喜生環境** 路旁、荒廢地和田野。

分布 栽培於山麓、平野	最佳觀察點 原住民阿美族田野	花期 2月-11月	花色 黃

屬名 刀豆屬	學名 *Canavalia lineata* (Thunb. *ex* Murray) DC.

肥豬豆

多年生匍匐性草本植物，莖多分枝，節處生根。葉互生，為三出複葉，頂小葉卵形，上表面被伏毛，下表面光滑無毛，先端鈍形至微凹，基部楔形。花粉紫紅色，排列成總狀花序，總花梗長。果實為莢果，殼硬而短肥。

總狀花序紫紅色，花色較濱刀豆淺

總花梗長

頂小葉卵形

- **辨識重點** 刀豆屬植物台灣有四種，其中濱刀豆和本種非常像，比較容易的分辨方式是看莢果，本種的莢果比較短肥，而濱刀豆的莢果較扁長。此外兩者的花色也不同，本種花色較淺。
- **喜生環境** 海邊砂質地。

分布 全島海邊或低海拔砂質地	最佳觀察點 南澳海邊	花期 7月-10月	花色 紫紅

屬名 刀豆屬	學名 *Canavalia rosea* (Sw.) DC.

濱刀豆

多年生匍匐蔓性植物，生長在海邊，莢果厚硬，外形如小刀而得名。莖細長，每節生根，小葉遇天旱或天氣太熱時，會自中肋閉合，以減少水分蒸發，很能適應海邊不良的生育環境。植株耐鹽、耐風，因具根瘤菌可自行固氮，所以又耐貧瘠，是極優良的防風定砂植物。葉為三出複葉，小葉卵形；花序總狀，花紫紅色。莢果肉革質，成熟後呈黑褐色。

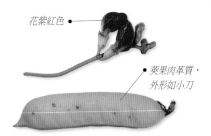

花紫紅色

莢果肉革質，外形如小刀

- **辨識重點** 肥豬豆與濱刀豆常混淆不清，兩者除了莢果大小與花色濃淡不同之外，肥豬豆三出複葉的小葉基部是明顯的楔形，也與本種不同。
- **別名** 肥豬豆、肥刀豆。
- **喜生環境** 海邊砂礫地。

蔓性藤本

濱刀豆不用費心照顧就能生長得很好，除了定砂防風功能之外，還因為良好的固氮能力而被當作綠肥植物。

分布 全島海岸皆有分布	最佳觀察點 金山海岸	花期 夏、秋兩季	花色 紫紅

屬名 野百合屬	學名 *Crotalaria juncea* L.

太陽麻

一年生草本亞灌木，原產於印度，引進栽培。本種是比較粗放的綠肥作物，以高溫濕潤、排水良好的砂質壤土栽培最適宜。現為東部地區休耕期播種的綠肥植物，開花時，黃色的成串花朵迎風搖曳，就像小蝴蝶穿縮田野間，成為東海岸的特殊景觀。根及種子可入藥，有止痛、清血功效。莖枝具小溝紋，被短絹毛；葉互生，線形至長橢圓形。總狀花序頂生或腋生，花大型，金黃色。莢果圓柱形，密被褐毛，成熟後為黑褐色。

- **辨識重點** 單葉互生，線形至長橢圓形，開大型的金黃色蝶形花，花莖很長。
- **別名** 菽麻、印度麻、大金不換、蘭鈴豆。
- **喜生環境** 休耕的開闊農地。

莢果圓柱形，密被褐毛

花大型，金黃色

總狀花序頂生或腋生，可長達15-20公分

葉長橢圓形，全緣

60
至
120
公
分

生長迅速，休耕期可栽培當綠肥使用，全島各地區均可栽植。

分布 低海拔農地	最佳觀察點 台東縣長濱、成功、東河	花期 夏季	花色 金黃

| 屬名 野百合屬 | 學名 *Crotalaria pallida* Ait. var. *obovata* (G.Don) Polhill |

黃野百合

一年生直立草本亞灌木，為良好的綠肥或堆肥原料，但種子及幼嫩枝葉有毒，人畜誤食會有不同程度的頭痛、頭昏、噁心等症狀。莖、葉具密黏柔毛，三出複葉互生，具長柄，小葉倒卵狀長橢圓形，葉子前端微凹。花冠黃色，中心龍骨瓣突出翼瓣外，旗瓣上有紫紅色條紋，總狀花序頂生，花數多，花期很長，往往花序上部花還在開放，下部果實就結成了。莢果筒狀橢圓形，成熟時黑褐色，形狀酷似一口香腸，裡面種子細小，搖之砂砂作響。

- **辨識重點** 名為「百合」，卻有豆科典型的蝶形花成串著生在枝端；筒狀橢圓形的莢果，成熟時黑褐色，形狀很像一口香腸。
- **別名** 豬屎青、野黃豆、豬屎豆。
- **喜生環境** 山野、路旁、荒地、河邊砂地等。

成熟莢果暗褐色，
形狀像一口香腸

花冠黃色，中心龍骨
瓣突出翼瓣外

100
至
150
公
分

旗瓣上有紫紅色
條紋

本種生長處多屬於乾燥和貧瘠的土地，尤其是河床砂礫地更是最愛，可作為這類土壤的指標植物。

| 分布 全島低海拔向陽處 | 最佳觀察點 高屏溪攔河堰邊砂礫地上 | 花期 春、夏兩季 | 花色 花冠黃色，旗瓣上有紫紅色條紋 |

| 屬名 山螞蝗屬 | 學名 *Desmodium laxum* DC. subsp. *laterale* (Schindl.) Ohashi |

琉球山螞蝗

夏末秋初走在低海拔的森林裡，常會看到本種的長花軸上開著一串紫紅色的小花，延伸到步道旁迎風招展。根具根瘤，可作為土壤改良用。山螞蝗屬的植物台灣有18種，本種為纖細小草本，疏被毛，莖具稜角。葉為三出複葉，背面葉脈明顯，脈上有毛，葉柄基部具有明顯的披針形托葉。開粉紫色的蝶形花；莢果2-4節，各節都呈半菱形。

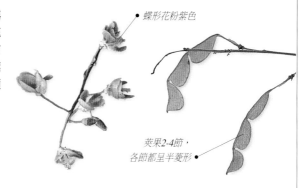

蝶形花粉紫色

莢果2-4節，
各節都呈半菱形

- **辨識重點** 本種與波葉山螞蝗（*D. sequax* Wall.）的花色及花序相同，但本種花有一深裂，像剪刀；兩者的葉片質地也不同，後者有明顯的鏽色毛。
- **別名** 草本白馬屎。
- **喜生環境** 森林內步道旁。

| 分布 全島中低海拔灌叢及森林 | 最佳觀察點 內雙溪步道 | 花期 7月-10月 | 花色 粉紫 |

| 屬名 木藍屬 | 學名 *Indigofera spicata* Forsk. |

穗花木藍

一年生匍匐性草本，莖匍匐或蔓延，被灰色二叉伏毛。一回奇數羽狀複葉，小葉7-11枚，互生，倒披針形，上表面無毛，背面有毛，先端圓形。總狀花序腋生或頂生，蝶形花紫紅色。線形莢果具4稜，末端有逆刺，有種子8-10粒。植株雖然有微毒性，卻是小灰蝶幼蟲的食草。

蝶形花紫紅色

莖上被灰色
二叉伏毛

奇數羽狀複葉，
小葉7-11枚

- **辨識重點** 台灣木藍屬植物約有15種，分辨方式是以葉子是單葉或複葉、小葉是互生或對生，以及小葉性狀和數目來加以判別。
- **別名** 十一葉馬棘、爬靛藍。
- **喜生環境** 空曠地。

| 分布 海拔1200公尺以下的草原、荒地及路旁 | 最佳觀察點 梅峰 | 花期 5月-11月 | 花色 紫紅 |

| 屬名 雞眼草屬 | 學名 *Kummerowia striata* (Thunb. *ex* Murray) Schindl. |

雞眼草

一年生草本，非常不起眼，瘦弱的枝條、小小的葉，散生在開闊的田野，若不仔細觀察，不太容易發現。枝條分枝甚多，莖直立或平臥，常鋪地分枝而帶匍匐狀，分枝被逆向毛。三出複葉，具葉柄，小葉長橢圓形。花腋生，粉紅色；莢果橢圓形，外面有細短毛。

花腋生，粉紅色

三出複葉

- **辨識重點** 要區別形態相似的蠅翼草（*Desmodium triflorum*）可看葉子，本種的葉前端鈍圓、沒有緣毛；而蠅翼草的葉前端平截微凹，下表面被毛。
- **別名** 蝴蠅翼草、三葉人字草。
- **喜生環境** 草原及路旁。

| 分布 低海拔空曠地 | 最佳觀察點 南澳田野 | 花期 8月-10月 | 花色 粉紫紅 |

| 屬名 鵲豆屬 | 學名 *Lablab purpureus* (L.) Sweet |

鵲豆

一年生攀緣性草本，是古老的馴化植物，原產於南非，現廣泛分布於熱帶地區，作為五穀豆類與食用菜已超過3000年歷史，也供作動物飼料。耐旱、生長快速，全株都可利用與食用，是很好的救荒作物。葉為三出複葉，頂小葉寬卵形，具小托葉。總狀花序腋生，蝶形花粉紅色或白色。果實為莢果，先端具長喙。

- **辨識重點** 葉為三出複葉；花軸直立，光滑無毛；莢果扁橢圓形，無毛。
- **別名** 肉豆、扁豆。
- **喜生環境** 路旁、荒廢地和田野。

蔓性

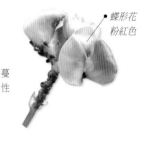

蝶形花粉紅色

本種為扁豆屬多年生藤本，花色有白花鵲豆及紫花鵲豆兩種。

| 分布 全島低中海拔田野 | 最佳觀察點 普遍分布 | 花期 8月-翌年3月 | 花色 白或粉紅 |

屬名 胡枝子屬	學名 *Lespedeza cuneata* (Dum. Cours.) G Don

鐵掃帚

多年生草本，分枝又細又多，葉子密密麻麻
生長，不開花時，如果連枝帶葉從植株基
部切下來，的確像一把掃帚。全草可當牧
草，幼嫩葉子可以食用。莖直立或傾臥；葉
為三出複葉，頂小葉線形，上面近無毛，背
面密生白柔毛，先端圓形，微凹。總狀花序
腋出，2-4朵成簇，具短梗，蝶形花冠黃白
色而帶有紫斑。秋季結果，莢果小。

蝶形花冠黃白色，帶有紫斑

葉為三出複葉

橢圓形小葉成倒披針形

- **辨識重點** 葉為三出複葉，頂小葉背面密
  生白柔毛；總狀花序腋出，蝶形花冠黃白
  色而帶有紫斑。
- **別名** 千里光、老牛筋、絹毛胡枝子、截
  葉鐵掃帚。
- **喜生環境** 次生林道旁。

分布 全島低海拔開放乾燥地方	最佳觀察點 蘇澳河谷	花期 夏季	花色 黃白色而帶有紫斑

屬名 胡枝子屬	學名 *Lespedeza Formosa* (Vogel) Koehne

毛胡枝子 特有種

多年生直立灌木，中南部的中、低海拔山區空地及半陰性處較常見。本種是琉璃小灰蝶
及角紋小灰蝶的寄主植物，全草可當牧草或綠肥植物。莖被短伏毛；三出複葉，頂小葉
長橢圓形，上面無毛，背面
被毛，先端圓形或微凹。總
狀花序腋生，蝶形花紫紅
色；果實為莢果，裡面僅有
1顆種子。

三出複葉，頂小葉長橢圓形

蝶形花冠紫紅色

- **辨識重點** 細枝有伏毛，
  夏季開花。
- **別名** 台灣胡枝子、美麗
  胡枝子。
- **喜生環境** 林緣、路旁。

分布 全島低、中海拔半日照處	最佳觀察點 觀霧	花期 夏季	花色 紫紅

| 屬名 賽芻豆屬 | 學名 *Macroptilium atropurpureus* (Moc. & Sesse *ex* DC.) Urban |

賽芻豆

多年生匍匐性草本，原產於澳洲、美洲，嫩莖葉含豐富養分，除供做綠肥外，也可當做家畜飼料或牧草。三出複葉，頂小葉倒卵形或菱形，兩面明顯被毛。總狀花序腋生，花冠蝶形、深紫色。莢果細長、直線形，表面多毛，成熟開裂後，外殼會成螺旋狀捲曲；種子黑褐色。

莢果細長，成熟時種子即彈出

三出複葉密生茸毛

蝶形花深紫色

- **辨識重點** 線形莢果長7- 8公分；開深紫色的蝶形花。
- **別名** 紫花大翼豆、黑花豆。
- **喜生環境** 陽光充足的平野開闊地。

| 分布 全島低海拔空曠地及路旁 | 最佳觀察點 台東金崙溪溪畔 | 花期 8月-12月 | 花色 深紫黑 |

| 屬名 苜蓿屬 | 學名 *Medicago lupulina* L |

天藍苜宿

一年生草本，多生長在海邊地區，尤以淡水砂質海濱及花東海邊最多。苜蓿屬植物全球約有60多種，分布遍及歐洲、非洲和亞洲地區。一般作為牧草使用，適應性廣、產量高，且能增加土壤肥力，被牧場及農民廣泛栽培。全株被細柔毛；三出複葉，小葉葉脈明顯，頂小葉寬倒卵形，先端圓形至微凹。總狀花序，花黃色。莢果無刺，近無毛，種子1粒。

- **辨識重點** 台灣引進的苜蓿屬歸化種有3種，依照植株有沒有毛以及花的顏色，可以很容易區分開來。此外，本種與開黃花的黃菽草（見160頁），花葉長得很像，但本種為蔓生，主要分布於低海拔；而黃菽草為直立草本，分布於中海拔。
- **別名** 天藍、斑鳩天藍、米粒苜蓿。
- **喜生環境** 海邊及平地砂質地。

三出複葉，小葉葉脈明顯

雖然名為「天藍」，但花是黃色

| 分布 北部地區 | 最佳觀察點 淡水砂質海邊 | 花期 2月-5月 | 花色 黃 |

屬名 草木樨屬	學名 *Melilotus indicus* (L.) All.

印度草木樨

一年或二年生草本，原產於歐洲和中國大陸，早年引進台灣栽植為牧草及土壤改良用綠肥，現已於台灣北部及花蓮地區馴化野生。莖直立或斜上升，葉為羽狀三出複葉，小葉線形，上半部細齒牙緣，葉脈明顯，托葉連生於葉柄上。花黃色，後轉為淡黃色，花瓣蝶形，總狀花序。花朵數較多，花蜜產量高，可作蜜源植物。

- **辨識重點** 頂小葉線形，先端銳形，上半部細齒牙緣；莢果球形，無毛。
- **別名** 野苜蓿、郎日巴花。
- **喜生環境** 路旁、荒廢地和田野。

60至100公分

早年引進台灣栽植時是當牧草及土壤改良用綠肥，現已於北部海岸地區馴化野生。泌蜜情形良好，是極佳的蜜源植物。

總狀花序，花數多

小花黃色

小葉倒卵形至倒披針形

分布 台灣北部、花蓮低海拔田野	最佳觀察點 宜蘭田野	花期 4月-9月	花色 黃

屬名 含羞草屬	學名 *Mimosa pudica* L.

含羞草

多年生草本，全株生有逆毛和銳刺，葉互生，具二回羽狀複葉，葉柄長。小羽片、羽軸和葉柄的基部，都有一稱為「葉枕」的肥大部分，觸碰到植株時，葉片閉合而葉柄下垂。約在盛夏後開花，粉紅色的頭狀花序像一團團小毛球散布在草原上，非常可愛。莢果2-5節，每節含有1粒種子，表面布滿茸毛，熟時乾裂釋出種子。

- **辨識重點** 莖有長毛和銳刺，葉子是互生的羽狀複葉，開絨球狀的粉紅色花。碰觸植株時，葉片會閉合而葉柄下垂。
- **別名** 見笑草、見誚草、感應草。
- **喜生環境** 溫暖濕潤和陽光充足的地方。

20 至 40 公分

性喜溫暖濕潤和陽光充足的環境，對土壤要求不甚嚴格，但還是偏愛肥沃疏鬆的砂質壤土。

每一羽軸上著生兩排長橢圓形的小羽片

葉柄長，前端分出四根羽軸

粉紅色的頭狀花序像一團小絨球

分布 低海拔、平地	最佳觀察點 關渡自然公園	花期 夏、秋兩季	花色 紫紅

屬名 老荊藤屬	學名 *Millettia reticulata* Benth.

老荊藤

多年生常綠大型藤本，全島各地分布廣泛，由山區林地、平地郊野，甚至海岸灌叢間都可見到。全株是許多種蝴蝶幼蟲的食草，根可用作殺蟲劑的代用品。木質莖常彎曲纏繞在岩石或其他樹木上，葉為奇數一回羽狀複葉，具有5-9枚橢圓形小葉。總狀花序，花密集而呈紫色。莢果扁平，長橢圓形，可長達12公分，不開裂。

蝶形花暗紫色

羽狀複葉，小葉5-9枚

- **辨識重點** 莖皮灰白色；羽狀複葉，小葉5-9枚；花萼鐘形，邊緣有淡黃色短毛；莢果扁平，厚而硬。
- **別名** 雞血藤、崖兒藤、老莖藤。
- **喜生環境** 平地郊野、林邊、河邊。

分布 全島中低海拔山區林緣或溪旁	最佳觀察點 南澳山野溪邊	花期 7月-10月	花色 紫

屬名 葛藤屬	學名 *Pueraria lobata* (willd.) ohwi

大葛藤

多年生蔓性藤本，全島低海拔灌木林邊緣及開放草生地很常見。莖枝被褐色毛；三出複葉，頂小葉長橢圓卵形，兩面被毛，先端銳形，通常具淺3裂，托葉盾狀著生，披針形。根很粗，是治療感冒的名藥「葛根湯」的原料。花軸很長，密集總狀花序，花冠紅紫色。莢果長橢圓形，長8-15公分，密被褐色粗毛。

花冠紫紅色

莖枝被褐色毛

- **辨識重點** 與同屬的山葛（*Pueraria montana* (Lour.) Merr.）長得很像，但本種頂小葉通常3裂，而山葛是全緣。
- **別名** 葛藤、台灣葛藤、甘葛、葛麻藤、山肉豆、野葛。
- **喜生環境** 郊區開闊地。

分布 低海拔山區	最佳觀察點 平溪山野	花期 夏、秋兩季	花色 紫紅

屬名 菽草屬	學名 *Trifolium procumbens* L.

黃菽草

一年生草本，栽培於中部中海拔山區，路旁逸出。在台灣菽草屬植物有3種，都屬於外來的馴化草花，其中僅本種用種子繁殖。雖屬豆科植物，但是果莢不像豆莢，反而是呈螺旋狀的小圓果莢，外面布滿細刺，靠著風力來傳播種子。頂小葉倒卵形，先端凹缺，鋸齒緣。蝶形花冠黃色；莢果長形。

- **辨識重點** 本種與同科的天藍苜蓿（見156頁）花葉都長得很像，但本種花數較多，分布於中海拔，且莢果呈螺旋狀；而天藍苜蓿的莢果彎曲、無刺，分布於低海拔。
- **別名** 黃花三葉草、黃花苜蓿。
- **喜生環境** 林緣、草原及開闊坡地。

蝶形花冠黃色

莖被柔毛

葉具細緣毛，葉脈明顯

屬名 豇豆屬	學名 *Vigna marina* (Burm.) Merr.

濱豇豆

多年生匍匐性或蔓性藤本，分蘗力特強，不斷長出新葉、新蔓，屬於海岸前線的先驅植物。蔓莖細長，覆蓋砂地或石礫地，有時也會攀上其他矮小植物。葉互生，三出複葉，小葉廣卵形至長卵形，先端鈍形或圓形，兩面光滑；托葉狹卵形，基部著生。總狀花序腋生，直立性，花朵多數；蝶形花冠黃色。莢果圓柱形，無毛，成熟時黑褐色。

- **辨識重點** 本種常與濱刀豆（見150頁）一同混生，兩者葉形相似，但本種稍小，且葉的基部有小小的三角形托葉，開黃色的蝶形花，莢果未成熟時深綠色，成熟後轉為黑褐色。
- **別名** 豆仔藤。
- **喜生環境** 濱海的砂礫地。

蔓性藤本

濱豇豆的根有根瘤菌共生，是防風定砂的優良植物，還可改善土質，也是絕佳的牧草。

• 未成熟的果莢深綠色，成熟時黑褐色

• 黃色蝶形花腋生

• 三出複葉，小葉闊卵形至長橢圓狀卵形

馬錢科 Loganiaceae

喬 木、灌木或草本；單葉對生，有些種類的托葉生於腋內成鞘狀，或在葉柄間形成一連結的托葉線。花整齊，腋生或頂生，單生或排成聚繖狀，花被4-5裂；雄蕊4-5，與花瓣互生，花冠管狀；果實為蒴果或漿果。台灣僅有6屬12種，種類並不多且不常見。

屬名 揚波屬／醉魚草屬	學名 *Buddleia asiatica* Lour.

揚波

直立灌木，抗旱性強，分布於台灣全島中低海拔山麓。全株有毒；小側枝四稜形，全株密被灰白色或淡黃色短茸毛。葉薄紙質，披針形，全緣或鈍齒緣。穗狀花序頂生及腋生，簇生成圓錐花序，花冠白色，花冠筒直立。蒴果橢圓形。

- **辨識重點** 葉披針形，全緣或鈍齒緣。穗狀花序，花冠漏斗狀，4裂，白色。
- **別名** 駁骨丹、白埔姜、山埔姜。
- **喜生環境** 陽光充足的開闊地。

花冠白色

穗狀花序頂生及腋生

葉背淡綠色

葉披針形，全緣或鈍齒緣

分布 全島低、中海拔山麓及河床向陽地	最佳觀察點 台東金崙溪溪畔	花期 1月-3月	花色 白

千屈菜科 Lythraceae

本科大部分是草本，也有少數灌木或喬木，性喜光照充足、通風良好的環境。葉對生或輪生，莖直立，枝條大都四方形，根粗壯、木質化。聚繖花序或圓錐花序頂生，花大都為輻射對稱，其中千屈菜屬的花演化出適應性高的異花傳粉，雄蕊和花柱都有長、中、短三種高度類型，兩者配合十分巧妙。經濟價值以觀賞為主，生命力極強，可採用播種、扦插或分株等繁殖方式。台灣有5屬。

屬名 克非亞草屬	學名 *Cuphea cartagenensis* (Jacq.) Macbrids

克非亞草

多年生草本，馴化植物，全島低海拔地區濕地都容易見到。莖木質化，全株被紫紅色腺毛，用手摸起來黏黏的，就是這種黏黏的特性，所以見到時總覺得它有點髒。葉對生，橢圓形，長1.5-4公分，寬1-2公分，兩面被毛，葉柄長約0.5公分。花頂生或著生於葉腋，兩側對稱，紫紅色，小小朵。蒴果長橢圓形。

- **辨識重點** 全株被紫紅色的黏性腺毛，開紫紅色的6瓣小花。
- **別名** 雪茄草。
- **喜生環境** 低海拔地區潮濕地。

花紫紅色，6枚花瓣對稱，但大小不一●

●莖葉均被毛

葉對生，兩面被毛●

30至60公分

原產於墨西哥，喜生陰濕地，常見於低海拔河川兩岸。

分布 低海拔、平地	最佳觀察點 石碇平野	花期 夏、秋兩季	花色 紫紅

錦葵科 Malvaceae

草本或木本，常被星狀毛。單葉互生，不裂或裂，常掌狀脈，具托葉。花常兩性，單生或成穗狀、總狀或圓錐花序；花萼5裂，外具副萼（總苞）；花瓣5，雄蕊多數，連合成一管稱雄蕊筒；果為蒴果或離生果。本科分布於溫帶及熱帶，以富含纖維而著稱，例如棉屬（*Gossypium*）種子上的棉絨，是世界紡織工業的主要原料。台灣有8屬。

屬名 木槿屬	學名 *Hibiscus syriacus* L.

木槿

落葉灌木，花大而美，常被栽種成綠籬植物，作綠籬栽培時，於冬季落葉後應酌加修剪，使翌年多生分枝。樹皮灰棕色，幼枝被細柔毛，莖直立，分枝多。葉卵形，單葉互生，葉片為紙質葉，摸起來會有乾乾的粗糙感覺。夏季開花，單生在葉腋，花梗跟葉柄幾乎等長。園藝品種甚多，花瓣5枚或為重瓣，花冠淺藍紫色、粉紅色或白色都有；蒴果圓矩形。

- **辨識重點** 本種常與朱槿（*H. rosa-sinensis*）混淆不清，本種是落葉灌木，冬季時會掉光葉子，葉片為紙質葉；朱槿是常綠灌木，經冬還是綠油油一片，葉片光滑有光澤，揉碎葉子會有許多黏黏的汁液。
- **別名** 水錦花、白水錦、清明籬、白飯花。
- **喜生環境** 開闊地。

花單生葉腋，有單瓣及重瓣品種 ●

葉卵形，邊緣有不規則齒缺 ●

● 幼葉被毛

分布 全島低海拔地區	最佳觀察點 平溪	花期 5月-10月	花色 白

| 屬名 金午時花屬 | 學名 *Sida rhombifolia* L. ssp. *rhombifolia* |

金午時花

多年生直立亞灌木，全島低海拔地區都有分布。全株被星狀毛；葉菱形或長橢圓狀披針形，長1-5公分，寬0.5-2公分，兩面被星狀毛，葉緣有鋸齒。花黃色，蒴果呈深褐色。顧名思義，金午時花的開花時間是越接近正午越盛開，而且幾乎全年都會開花，下雨跟天黑以後，花朵會閉合，相當有趣。

花瓣5枚，黃色

葉緣有鋸齒

葉菱形或長橢圓狀披針形，兩面被星狀毛

- **辨識重點** 金午時花目前已知的種類有3種，分別是金午時花、圓葉金午時花及細葉金午時花。圓葉金午時花為多年生草本，葉子為心形或卵形；細葉金午時花是多年生草本或小灌木，葉子為披針形，互生，兩面近光滑。
- **別　名** 嗽血仔草、地索仔、柑仔密、黃花稔。
- **喜生環境** 路邊、野地常見。

| 分布 中、低海拔及平地 | 最佳觀察點 路邊 | 花期 全年 | 花色 淡黃 |

| 屬名 野棉花屬 | 學名 *Urena lobata* |

野棉花

直立亞灌木，多見於北部、中部及東部的平原、庭園潮濕地，夏末開粉紅色花。曾是廣泛種植的經濟作物，莖皮富含纖維，可加工製繩或織布，後來被人造纖維取代，便不再栽植。蒴果梨形，表面密生星狀毛且有倒鉤，乾燥後重量減輕，很容易就附在人畜身上到處傳播。小枝被有星狀茸毛；葉卵至圓形，掌狀裂。花單生葉腋，花瓣5，粉紅色。

花腋生，粉紅色

葉卵形，掌裂

蒴果表面密生星狀毛

- **辨識重點** 葉面有毛，花紫紅色。成熟的黑褐色蒴果有許多鉤刺，能藉此附在動物身上傳播種子，就像蝨子一樣，因此別名「蝨母子」。
- **別　名** 蝨母草、肖梵天花、蝨母子。
- **喜生環境** 低海拔水溝邊及潮濕處十分常見。

| 分布 低海拔、平地 | 最佳觀察點 石碇、平溪山區 | 花期 夏、秋兩季 | 花色 粉紅 |

野牡丹科 Melastomataceae

草本或木本，直立、攀緣性或附生。單葉對生，稀輪生，葉脈為3-5出脈，無托葉。花兩性，輻射對稱，單生或成聚繖花序；花瓣多離生；雄蕊構造特別明顯，數目與花瓣同數或為其2倍；果實為漿果或蒴果。本科有些種類可供藥用或栽培為觀賞花卉，野牡丹是常用草藥，也是酸性土壤的指標植物。台灣的本科植物大都有顯眼的花形，極具觀賞性。

屬名 野牡丹屬	學名 *Melastoma candidum*

野牡丹

常綠小灌木，花形大方，明顯的5枚花瓣，加上聚集在中央的雄蕊與雌蕊，十分美麗，很適合培育為觀賞植物。無毒性，全株被有金色倒伏狀剛毛；葉對生，葉脈明顯，約3-7條，葉表面粗糙。頂生聚繖形花序，花為紅紫色。蒴果包裹在宿存萼筒中，可食，但沒什麼味道，因種子眾多，口感有些砂砂的。

80
至
150
公
分

低海拔常見的常綠小灌木，也是多用途的藥用植物，因花大而豔，所以才冠以「牡丹」二字。

- **辨識重點** 雄蕊共有10枚，5長5短，長雄蕊的上段成彎勾狀。
- **別名** 金牡丹、埔筆仔、九螺花、金石榴。
- **喜生環境** 全島低海拔、向陽荒廢地、空曠地。

雄蕊10枚，5長5短

花瓣5枚，紅紫色

葉對生，具有野牡丹科植物的典型縱向葉脈

全株被有金色倒伏狀的剛毛

分布 低海拔、平地	最佳觀察點 平溪山區	花期 夏、秋兩季	花色 紫紅

防己科 Menispermaceae

主要分布於熱帶和亞熱帶地區，大都為攀緣性或木質藤本植物。莖枝橫斷面常帶黃色，咀嚼枝葉常有苦味，因為本科植物大都富含生物鹼，所以有些種類的根可供藥用。單葉或掌狀分裂，互生，無托葉。花單性，雌雄異株，花瓣6枚，聚成總狀、圓錐、聚繖或頭狀花序，果實為核果。台灣有6屬。

屬名 木防己屬	學名 *Cocculus orbiculatus* (L.) DC.

木防己

攀緣性灌木，在中國古代的醫藥書籍已有木防己的名字，根、莖、葉都可以拿來用藥，具有木防己鹼，有鎮痛作用，為非麻醉性鎮痛藥。對於咽喉腫痛，跌打損傷的治療，具有功效。全株被短毛；單葉互生，葉全緣或淺裂。花淡黃色，聚生成聚繖花序；核果近球形，熟時紫紅色或藍黑色。

核果幼時綠色，熟時紫黑色

葉片紙質至近革質，形狀變異極大

花序腋生或頂生，花淡黃色

- **辨識重點** 攀緣灌木，小枝有毛，單葉互生，開淡黃色花。
- **別名** 青木香、土木香、牛木香、白木香、青藤、鐵牛入石、土石入牛。
- **喜生環境** 山坡、灌叢、林緣或路邊的疏林中。

分布 平地至中海拔山區	最佳觀察點 龍洞海邊	花期 5月-8月	花色 淡黃

桑科 Moraceae

本科大都為喬木或灌木，少數為藤本或草本，通常枝葉具有乳狀汁液。葉互生，稀對生托葉明顯。花序為頭狀、柔荑狀或隱頭花序，腋生；花甚小，單性，同株或異株。果實為瘦果、堅果或核果，常密接成聚合果。本科為台灣低海拔重要的優勢植物，在生態系中舉足輕重，為野生動物提供豐富食物，也提供人類特殊風味的果實，例如波羅蜜、猴面果、麵包樹及愛玉子等。

屬名 榕屬	學名 *Ficus formosana* Maxim.

天仙果

常綠小灌木，是很實用的補藥，具有祛風、利濕、強筋骨等功效，用在孕婦可活血補血和催乳，食用以燉排骨為主，可用於產後食補。全株含白色乳汁，枝纖細，有托葉殘留的痕跡。葉互生，薄紙質，全緣，有時具有缺裂。雌雄異株，少數同株。隱花果（榕果）單生於葉腋，卵形，兩端漸尖，表面具白斑，基部延長至苞片，形成短的假花梗。果實綠色，表面有白斑，成熟後紫黑色。

- **辨識重點** 果實長得像羊奶頭，摘果實時會流出白色的乳汁。
- **別名** 台灣天仙果、牛乳埔、羊乳埔、台灣榕、羊奶頭、牛乳榕、羊奶樹。
- **喜生環境** 山區森林下層。

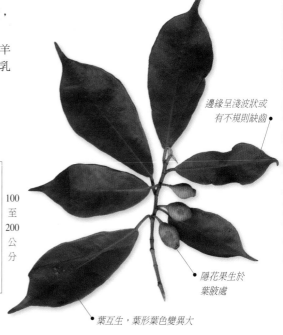

邊緣呈淺波狀或有不規則缺齒

100至200公分

多生長在陰濕地闊葉林裡或荒野的灌木叢中，摘果實時會流出白色乳汁，因此俗稱羊奶樹。

隱花果生於葉腋處

葉互生，葉形葉色變異大

分布 全島中、低海拔山區	最佳觀察點 陽明山區、木柵山區	花期 4月-8月	花色 暗紅，藏在榕果裡

屬名 榕屬	學名 *Ficus sarmentosa* Buch. -Ham. *ex* J. E. Sm. var. *nipponica* (Fr. et Sav.) Corner

珍珠蓮

攀緣性藤本，就跟愛玉子一樣，都屬於桑科榕屬植物，都是隱頭花序，所以看不到真正的花。果實成熟時，小小的瘦果可以洗出許多凝膠，放入糖漿加幾塊冰塊就是夏季的清涼食品。幼枝表面有短毛；葉披針狀長橢圓形，背面有一些黃褐色短毛，網狀的細脈很明顯。

網狀脈明顯
隱花果無梗，
球形
枝幹紅褐色

- **辨識重點** 葉背有一些黃褐色短毛，網狀的細脈明顯；球形的榕果無梗，先端具有小凸突。
- **別名** 抄壁藤、爬崖藤、匍匐榕、白背爬藤榕。
- **喜生環境** 平地山麓的闊葉樹林下。

分布 台灣中低海拔的闊葉樹林中	最佳觀察點 台北內雙溪附近森林	花期 冬季	花色 綠

屬名 盤龍木屬	學名 *Trophis scandens* (Lour.) Hooker & Arnott

盤龍木

攀緣性灌木，最特殊的是橢圓形果實，著生在花托和不發育的雌蕊合成的黃色果托上，成熟後轉成紅色，整體看起來，非常漂亮。全株具乳汁，莖粗糙，莖上皮孔明顯，莖皮纖維強韌，可製繩索。葉具短柄，卵狀橢圓形，葉的表面感覺十分粗糙。花小，淡綠白色，雌雄異株。可當藥用，在菲律賓民間被當作婦科用藥。

葉卵狀橢圓形，
具短柄
雄花序穗狀，
腋生

- **辨識重點** 蔓狀的莖上有許多細小突出的氣孔；開淡綠色小花，瘦果橢圓形，成熟時為紅色。
- **別名** 馬來藤，包飯果藤，牛筋藤、盤龍藤。
- **喜生環境** 平地、山麓的闊葉樹林下。

分布 低海拔山區及平地郊野	最佳觀察點 台北內雙溪附近森林	花期 秋季	花色 淡綠白

屬名 葎草屬	學名 *Humulus scandens* (Lour.) Merr.

葎草

一年生或多年生的纏繞性草本，生長迅速，繁殖力驚人，族群遍布路邊荒地及低山地區向陽原野，是黃蛺蝶的食草。小朋友常摘取星狀多角形葉片，貼在胸口當勳章。莖粗糙，具倒鉤刺，很容易割傷皮膚；幼嫩部分煮熟後可食，是很好的救荒植物，植株並可入藥。莖呈四方形或多角形，有明顯的縱稜並密生倒鉤刺；單葉對生，有長柄，掌狀5深裂，葉的兩面生有粗糙剛毛，下面有黃色小油點。淡黃綠色小花腋生，雌雄異株，雄花排成圓錐花序，雌花10餘朵集成近圓形的短穗狀花序。果穗綠色，類似松球狀，瘦果扁球狀。

- **辨識重點** 全株具倒鉤刺，所以又稱為割人藤；葉掌狀深裂，兩面生有粗糙剛毛。
- **別名** 山苦瓜、苦瓜草、鐵五爪龍、割人藤。
- **喜生環境** 溝邊、路邊、村旁。

纏繞草本

低海拔荒地的一種先驅植物，雌雄異株，莖及葉柄密生許多倒鉤刺。

果穗綠色

葉對生，掌狀5深裂，兩面生有粗糙剛毛

葉柄很長

雄花開在葉腋，排成圓錐花序

莖呈四方形或多角形，有明顯縱稜，具倒鉤刺

分布 全島低海拔平野	最佳觀察點 大屯山101甲縣道	花期 夏、秋兩季	花色 淡黃綠

紫金牛科 Myrsinaceae

草本、灌木、喬木或藤本，分布於熱帶和亞熱帶地區。單葉，互生，稀對生或輪生，無托葉，常有油腺斑點。花序頂生或側生，圓錐狀、總狀、半繖形或簇生，花萼、花瓣常有腺點。在台灣的種類，果實多為核果。本科有不少庭園植物，果實也常是野生動物的重要食源。

屬名 山桂花屬	學名 *Maesa tenera* Mez

台灣山桂花 特有種

常綠灌木，為優勢植物，在全島中海拔以下的山區平野中，可以說無所不在。尤其在森林底層陽光充足處及半遮蔭的森林邊緣，更可發現龐大族群欣欣向榮，爬過山的人無不見過。長相像桂花，但兩者一點關係也沒有。全株光滑無毛，葉互生，橢圓形，粗鋸齒緣。花序腋生，花密集而小，花冠白色或綠白色。果實球形，具宿存萼片。

- **辨識重點** 本種與山桂花（*Maesa japonica*）外形極為相似，但本種側脈明顯且凹陷，果實的特徵則是萼片不完全包住子房。
- **別名** 六角草、烏樹仔、鯽魚膽。
- **喜生環境** 半遮蔭的步道旁。

90 至 200 公分

小小的白色花以圓錐狀花序叢生在葉腋，花形像桂花而得名，主要分布在低海拔的森林下或森林邊緣。

側脈明顯且凹陷

花序腋生，花密集而小

葉互生，橢圓形，粗鋸齒緣

果實為球形，成熟時由綠色轉白色

分布 全島低海拔地區	最佳觀察點 台北紗帽山	花期 春季	花色 白或綠白

桃金孃科 **Myrtaceae**

灌木或喬木，葉常綠，對生，稀互生，全緣，常有透明腺點，揉之有香氣，無托葉。花兩性，有時雜性，輻射對稱，單生於葉腋或排成各式花序；花瓣4-5枚，覆瓦狀排列。果為漿果、核果、蒴果或堅果。本科許多種類的葉含揮發性芳香油，是工業及醫藥的重要原料。

屬名 桃金孃屬	學名 *Rhodomyrtus tomentosa* (Ait.) Hassk

桃金孃

常綠小灌木，用處不少，果可供生食或製果醬，還可入藥；樹供栽植觀賞；根、葉亦可入藥。枝與花序被短茸毛。葉對生，厚革質，卵狀橢圓形，先端圓或鈍，上表面亮，下表面被茸毛。花腋出，兩朵對生，花瓣5枚，桃紅或粉紅色，雄蕊多數，黃色花藥密如繁星。漿果熟時呈紫色，可食。

80至180公分

桃金孃科的植物有許多果樹或行道樹，本種是少數較矮小的植物。

- **辨識重點** 5枚花瓣包圍著濃密的花絲是桃金孃科的特徵；葉對生，葉背有灰白色毛。
- **別名** 水刀蓮、山棯、紅棯、正毛拔仔、水刀蓮、哖仔。
- **喜生環境** 全日照或半日照森林邊緣。

花瓣5枚，桃紅色

花絲細長是本科植物的特徵

葉橢圓形，全緣

分布 北部及綠島低海拔地區	最佳觀察點 大崙尾山	花期 3月-5月	花色 桃紅

紫茉莉科 Nyctaginaceae

草 本、灌木或喬木，也有藤本植物，常有腺體。單葉互生或對生，無托葉。花序變化大，多為聚繖花序。花兩性或單性，常圍以有顏色的苞片組成的總苞。果為瘦果或堅果，有稜，常有腺毛。本科有多種植物是引進的觀賞花卉，如九重葛及紫茉莉。

屬名 紫茉莉屬	學名 *Mirabilis jalapa* L.

紫茉莉

多年生宿根性草本，總是在黃昏炊煙裊裊升起時，才綻放美麗的嬌顏，因而有「煮飯花」俗名。地下塊根呈紡錘形且具肉質，台灣民間習慣取之入藥，內服可治療胃潰瘍、胃出血。除了藥用及觀賞價值外，所綻放出來的香氣，還有驅除蚊蟲的效果。舊時農村時代，少女還會用花瓣汁液來染指甲。單葉對生，葉卵狀三角形。不具花瓣，總苞5裂呈萼狀，我們所見到長筒形部分其實是花萼，花色更有紅、黃、白等品種。果實卵形，黑色，具稜。

- **辨識重點** 具地下塊根，莖分枝多，節部膨大如關節狀。花開於莖頂葉腋處，傍晚左右綻放，具香氣。花瓣掉落後，形成綠色果實，熟時黑色。
- **別名** 煮飯花、夜飯花、胭脂花。
- **喜生環境** 開闊郊野或庭院。

花色繁多，同一朵花上也可以有數種顏色

花萼長筒形

花開於莖頂葉腋處，漏斗形

單葉對生，卵狀三角形

多年生草木，原產於熱帶美洲，生命力旺盛，常常一下子就長出一大叢。

50至100公分

分布 低海拔地區普遍栽植	最佳觀察點 台北縣平溪鄉農村庭園	花期 夏、秋兩季	花色 紫紅、白、黃

木犀科 Oleaceae

直立或攀緣性木本，葉對生，有單葉或羽狀複葉，無托葉。花兩性，聚繖或複聚繖花序，花萼4裂，花冠合瓣常4裂，輻射對稱。果實為漿果、蒴果、核果。許多路旁常見的園藝植物均屬本科，清香撲鼻的桂花和茉莉花還是優良的香花植物，可提煉香精或作為食用香料。

屬名 女貞屬	學名 *Ligustrum japonicum* Thunb.

日本女貞

常綠小灌木或小喬木，分布在全島低海拔的森林邊緣或開闊地。耐鹽性佳、抗強風、耐旱性強、生長速率快，而且種子繁殖或扦插繁殖都很容易，所以常被種植作綠籬或行道樹。幼枝被短柔毛；葉對生，卵狀長橢圓形，厚革質，光滑，葉脈不明顯。圓錐花序具12輪分枝。

- **辨識重點** 多數小花呈密錐花序，頂生於枝端；嫩枝有細柔毛及明顯皮孔。葉苦，可以代茶，有消暑解渴功效。
- **別名** 琉球女貞、女貞木、冬青木。
- **喜生環境** 森林邊緣或開闊地。

花冠筒狀，先端4瓣裂

雄蕊黃色，兩枚挺出

兩性花，花小而芳香

葉對生，厚革質，葉脈不明顯

分布 全島低海拔開闊地	最佳觀察點 台大校園	花期 夏季	花色 白

柳葉菜科 Onagraceae

草 本、灌木或小喬木，本科多為水生植物，生長在濕地或水田溝渠。單葉基生或莖生，在台灣的種類葉大都互生，也有對生或輪生者。

花兩性，輻射對稱或近左右對稱，通常單生於葉腋或排成總狀或穗狀花序，花瓣4-5枚或無。果實為蒴果、漿果或堅果，莖通常有稜。

屬名 柳葉菜屬	學名 *Epilobium amurense* Hausskn. subsp. *amurense*

黑龍江柳葉菜

柳葉菜類的植物有許多可以當野菜，本種就是其一，可惜生長在中海拔以上，不易採摘，一般料理方法是取嫩心葉炒食或煮食。莖單一或具少數分枝，具2條細稜，稜上密生短毛。葉長橢圓形，大部分對生，接近花序處才呈互生，邊緣具不規則細齒。花單生於葉腋，白至淡紅或紫色。果實為蒴果，很長；種子被有白毛，常隨風飄散。

- **辨識重點** 本種易與同科不同屬的過江龍（*Jussiaea repens* L.）混淆，本種莖直立，果實細長；過江龍枝匍匐，莖及果實均較粗大。
- **別名** 高山柳葉菜、毛脈柳葉菜。
- **喜生環境** 高山碎石地或高山草原間。

多年生草本，種子具白色軟毛，蒴果開裂時，種子借風力飛傳，遇潮濕地便落地發芽生根。

20 至 30 公分

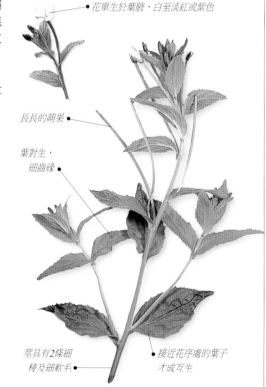

花單生於葉腋，白至淡紅或紫色

長長的蒴果

葉對生，細齒緣

莖具有2條細稜及細軟毛

接近花序處的葉子才成互生

分布 全島中海拔開闊地	最佳觀察點 梅峰地區	花期 夏季	花色 白至淡紅或紫色

屬名 水丁香屬	學名 *Ludwigia octovalvis* (Jacq.) Raven

水丁香

多年生挺水草本，為田邊常見的一種植物，喜歡生長在水邊，細細的線形葉配上黃色4瓣小花，別有一種單純的味道。具有許多分枝，莖質感粗糙，有時基部木質化或呈灌木狀草本，近光滑，具細毛或密生柔毛。葉互生，葉基部長有多型性小葉。開黃色花，花瓣略呈心形。蒴果成熟後呈暗紅色至咖啡色，因形狀似迷你香蕉，又稱「水香蕉」，裡面有許多種子。

- **辨識重點** 讓人印象最深刻的是可愛的果實，細細圓筒狀的方形瘦果，頂端留有宿存花瓣，十分可愛。
- **別名** 水香蕉、假黃車、水燈香、丁香蓼。
- **喜生環境** 全島平野水邊、田邊、濕地。

20至50公分

嗜水植物，喜歡生長在溪邊、溝渠及水田四周，嫩莖葉及幼苗可食，全草可供藥用。

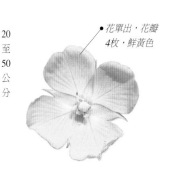

花單出，花瓣4枚，鮮黃色

分布 低海拔、平地	最佳觀察點 全島各地河邊	花期 冬季至春季	花色 黃

屬名 待宵草屬	學名 *Oenothera laciniata* J. Hill

裂葉月見草

多年生草本植物，又名「待宵草」，從名字就可清楚說明開花特性：太陽下山後才開始開花，同時萼片會向後反捲，帶有微微香味，吸引夜行性蛾類前來覓食。莖矮短，直立或匍匐狀，被疏柔毛。葉互生，長橢圓形，葉緣有4-5道不規則鋸齒狀深裂。春、夏時節開黃色或暗橙色的花，花管狀，4裂。果實為綠色的蒴蓇果。

- **辨識重點** 莖常倒臥在地上生長，葉片深裂，開4瓣黃色小花，太陽下山才開花。
- **別名** 待宵花。
- **喜生環境** 森林邊緣林道旁。

花初開時黃色，之後略呈橙色

葉緣有4-5道不規則鋸齒狀深裂

10至20公分

北部、中部低海拔至海濱歸化自生，有時也見於中海拔地區。

分布 北部低海拔山區林緣或北部海濱	最佳觀察點 東北角海邊、二格山步道旁	花期 春、夏季	花色 黃、暗橙

酢漿草科 Oxalidaceae

多汁草本、灌木或小喬木，屬雙子葉植物。單葉、三出或羽狀複葉，具托葉；小葉倒心形、長橢圓或扁三角形。花兩性，單生或成繖形狀聚繖花序；花瓣5枚，白色、黃色、粉紅色。果實為蒴果，或少漿果。對環境要求不高，遍布各地，代表植物如楊桃及酢漿草等。

屬名 酢漿草屬	學名 *Oxalis corymbosa* DC.

紫花酢漿草

多年生宿根性草本，跟酢漿草（見178頁）一樣，全株可當野菜，有多數小鱗莖聚生在一起。無地上莖，葉基生，掌狀三出葉，小葉闊倒心形，先端凹缺，葉緣及葉背被毛。繖形花序有花6-10朵，花瓣5枚，淡紫色，有深色條紋。很少看到結果實，大部分靠著鱗莖的散布來繁殖。只要環境稍微潮濕，都可生長良好。

- **辨識重點** 全株都帶有酸味，綠色葉子為三出掌狀複葉，倒心形；開5瓣紫色小花。
- **別名** 紫花酢醬草、鹽酸仔草、大本鹽酸草、大酸味草。
- **喜生環境** 郊野路旁。

20至30公分

叢生性，葉全為根生葉，以小鱗莖來繁殖，每一小鱗莖都可獨立長成一株幼苗。

倒心形的三出複葉

花喇叭狀，花瓣5枚

分布 全島低至中海拔地區	最佳觀察點 台大農場	花期 春至秋季	花色 紫

屬名 酢漿草屬	學名 *Oxalis corniculata* L.

酢漿草

多年生草本，全株可當野菜，嫩莖葉嘗起來酸酸的，而鱗莖下方長了一條粗粗的根，吃起來有點甜甜的味道。匍匐莖在地面上蔓延，節上長根。葉互生，具長柄，有3片倒心形的羽狀複葉，每當黃昏或陰雨天，葉子會有閉合的睡眠作用；偶爾會有突變的4片葉子，俗稱幸運草。繖形花序腋生，1至數朵簇生在花莖頂，花黃色，花萼與花瓣各5片。蒴果圓錐形，具5稜。

- **辨識重點** 具寬倒心形的小葉，開5瓣小黃花。
- **別名** 酢醬草、山鹽酸、黃花酢漿草、鹹酸仔草、山鹽草、鹽酸草、三葉酸、三角酸、雀兒酸。
- **喜生環境** 郊野路旁。

全株可當野菜，藥用上有解熱止渴、解毒消腫的功效，同時也是沖繩小灰蝶的食草之一。

10 至 20 公分

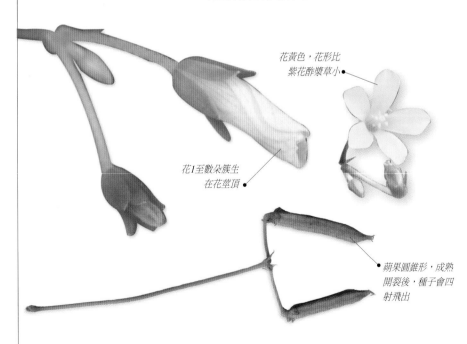

花黃色，花形比紫花酢漿草小

花1至數朵簇生在花莖頂

蒴果圓錐形，成熟開裂後，種子會四射飛出

分布 全島低至中海拔荒地	最佳觀察點 台大農場	花期 春至秋季	花色 黃

西番蓮科 Passifloraceae

多年生喬木、灌木或藤本植物，有卷鬚。單葉互生，偶對生，具葉柄，其上通常具2枚腺體，葉形具裂片或掌裂，有托葉。花兩性或單性，輻射對稱，大都具小苞片，花瓣3-5裂，單生或成總狀或繖房狀。果實為漿果或蒴果，種子有肉質假種皮。台灣有2屬4種。

屬名 西番蓮屬	學名 *Passiflora edulis* Sims

西番蓮

多年生蔓性藤本植物，台灣的百香果大致可歸納為柴色種、黃色種和雜交種。其中雜交種，成熟時果皮呈柴紅色，表皮有較細密的白色果點，果實大、果汁含率及產量均高，且香味濃烈、品質優良，為目前栽培主流。莖光滑無毛；單葉互生，葉寬大、闊卵形，上表面光亮，3裂，鋸齒緣，葉柄很長。花單一腋生，春天時開花，花瓣內側多出一輪細長卷鬚，稱為「副花冠」，花朵最上方則是巨型的三分叉狀柱頭，就像是時針、分針和秒針，讓整朵花像時鐘一般，日本人稱為「時計草」。果橢圓狀，成熟時呈暗紫色。

- **辨識重點** 花為最大特徵，比其他花多了副花冠的構造，巨型的三分叉狀柱頭更是明顯好分辨。
- **別名** 百香果、時鐘果、時計草。
- **喜生環境** 半陰性林緣。

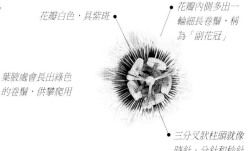

花瓣白色，具紫斑

花瓣內側多出一輪細長卷鬚，稱為「副花冠」

單葉互生，3深裂

葉腋處會長出綠色的卷鬚，供攀爬用

三分叉狀柱頭就像時針、分針和秒針

新長出來的葉子為橢圓形

藤本

原產於巴西，於日據時代由日人引入台灣試種。果汁是夏季生津止渴的好飲料。

分布 全島低海拔之山坡地，台東、南投、花蓮栽培較多	最佳觀察點 屏東里龍山	花期 春、夏季	花色 白

屬名 西番蓮屬	學名 *Passiflora foetida* L.

毛西番蓮

草質藤本，全株布滿毛茸，氣味難聞，莖密生粗毛。葉互生，具密毛，3裂，裂片卵至卵狀長橢圓形，疏生細齒，葉柄長3-4公分；托葉深裂，具腺毛。卷鬚及花由葉腋長出，花單生，具3片3-4回深羽裂的總苞。漿果卵球形，成熟為橙色，由3片羽裂狀的苞片包裹，成熟時苞片裂開來，一顆顆黃橙橙的果實常吸引鳥類啄食。

全株布滿毛茸

雌蕊像時鐘的指針，雄蕊像時鐘的刻度

- **辨識重點** 全株毛茸，走莖蔓生，每節一葉一鬚一花一芽苞二托葉；雌蕊像時鐘的指針，雄蕊像時鐘的刻度。
- **別名** 小時計果、野百香果、龍珠果。
- **喜生環境** 全島低海拔林子邊緣。

分布 中南部海濱砂地、平野、路旁、溪邊草叢	最佳觀察點 中南部海濱砂地	花期 初夏到深秋	花色 淡黃

屬名 西番蓮屬	學名 *Passiflora suberosa* L.

三角葉西番蓮

蔓性多年生常綠草本，副花冠與花冠顏色都是淡綠色，全草具消炎殺菌功效。葉子和莖帶有少許細毛，葉身呈3裂狀，有3主脈，中間裂葉較大，兩側裂葉較小，葉互生，具短柄，卷鬚從葉腋長出來。漿果未熟時綠色，成熟時變為黑紫色，可食，但沒有什麼特殊味道。

花冠與副花冠顏色都是淡綠色

- **辨識重點** 莖葉被疏毛，葉身3裂，漿果成熟時黑紫色。本種與毛西番蓮的植株及花果都比西番蓮小，較無觀賞及食用價值。毛西番蓮較適應中南部氣候，北部不常見，而本種全台都可見。
- **別名** 黑子仔、栓皮西番蓮、爬山藤、黑子仔藤。
- **喜生環境** 平地與低海拔山區可輕易見到。

葉身3裂，有3主脈

卷鬚從葉腋長出來

分布 平地、低海拔	最佳觀察點 台大校園	花期 春、夏兩季	花色 淡綠

車前草科 Plantaginaceae

一年生或多年生草本，廣布於全世界。葉通常基生，單葉，全緣或淺牙齒緣，基部常呈鞘狀，無托葉。花序為單獨的花莖，穗狀或頭狀，花小，兩性，輻射對稱；花萼4裂，裂片成覆瓦狀排列；花冠合瓣，3-4裂。蒴果蓋裂，罕為骨質的堅果。台灣只有車前草屬（*Plantago*）1屬。

屬名 車前草屬	學名 *Plantago asiatica* L.

車前草

多年生草本，生長在較陰濕的空地、庭園或路邊。地下根莖粗短，無地上莖。葉叢生於根莖上，紙質，卵形或橢圓形，葉柄長。穗狀花序綠白色，長長的花穗上著生多數白色小花，花未開放前被4枚綠色萼片包住。花後結卵狀長橢圓形蒴果，種子黑褐色。一年四季都可採摘車前草的嫩葉炒食或煮湯。

- **辨識重點** 鬚根發達，根生葉簇生，穗狀花序綠白色。具五條主葉脈(這是很重要的特徵)，全緣或波狀，或有疏鈍。
- **別名** 當道、牛遺、五根草、五斤草、牛舌草、蛤蟆衣、牛甜菜、田菠菜。
- **喜生環境** 低海拔的山野、鄉村空曠地、田埂、路旁。

葉叢生及長長的綠色花穗，是台灣常見的多年生小草，是一種喜歡群居生長的植物。

白色小花無柄

穗狀花序綠白色

花莖長

15至30公分

分布 台灣全島山野路旁	最佳觀察點 台大校園	花期 春至夏	花色 白

遠志科 Polygalaceae

一年或多年生草本，也有藤本、灌木或喬木，在台灣都是草本。單葉互生，無托葉。花兩性，左右對稱，成總狀花序或簇生，花瓣5或3枚，不等大，下面一枚呈龍骨狀；果實為蒴果。本科植物有些可入藥，有些可作為觀賞花卉，代表植物如遠志（ *Polygala tenuifolia* Willd.），為多年生草本，根皮為中藥遠志。

屬名 遠志屬	學名 *Polygala japonica* Houtt.

瓜子金

多年生草本，喜歡陽光和排水良好的土壤，經常出現在開闊的路旁，有時也混生在林木邊緣或草地裡，莖葉經常貼地而生。可供藥用，具強壯、去咳止痰及治療毒蛇咬傷等功效。全株被細毛茸，葉長橢圓形，葉柄短，近於無柄。總狀花序腋出或頂生，花紫紅色。果實為蒴果，扁平，呈倒腎形或倒心形，兩側有翼，可隨風散播。

- **辨識重點** 花莖、花形像小蘭花，果實形狀像瓜子。
- **別名** 七寸金、金牛草、蚵仔草、日本遠志。
- **喜生環境** 草生地。

蝶形花，花瓣3枚

單葉互生

葉上網絡明顯

植株細小，陽光充足的開闊地都適合生長，常與箭竹伴生。

10 至 20 公分

分布 全島低海拔地區	最佳觀察點 大屯山	花期 5月-10月	花色 紫紅

屬名 齒果草屬	學名 *Salomonia oblongifolia* DC.

齒果草

一年生直立草本，生長在中部、北部低海拔草生地上，齒果草屬植物台灣只有這一種。植株瘦小，開的花也很小，常常一群一群叢生在一起。單葉互生，無柄或近於無柄，披針形，長0.5-0.7公分。頂生穗狀花序很長，小花白色。蒴果腎形，邊緣具細刺。

- **辨識重點** 本種與同樣開白花的圓錐花遠志（*Polygala paniculata*）常被混淆，後者葉披針形、線狀披針形或線形。此外，本種蒴果的邊緣有細刺如齒，因此得名。把根刮傷後，會有一股沁涼如白花油的味道，也是辨認的一個方式。
- **別名** 橢圓葉齒果草。
- **喜生環境** 平地山野林道旁。

花小‧白色

穗狀花序很長

20 公分

披針形的葉互生，無柄或近於無柄

齒果草屬植物台灣只有這一種，分布在中北部低海拔的草生地上。

分布 低海拔、平地	最佳觀察點 台大農場	花期 夏季	花色 白

蓼科 Polygonaceae

草本、灌木或小喬木，莖於節處常腫大。單葉互生，托葉癒合成托葉鞘。花小形，花序常呈穗狀或頭狀之圓錐花序。果為瘦果或小堅果，棕至黑色，凸透鏡形至三角形。本科植物大都生長在水田、溝渠或濕地邊，花很小，僅少數種類有觀賞價值。台灣有3屬。

屬名 蓼屬	學名 *Polygonum chinense* L.

火炭母草

蔓性多年生草本，葉面常有三角形的紫藍色斑紋；花有如飯粒，難怪有「冷飯藤」的別名。莖有稜，分枝明顯，具膜質托葉，抱莖而生。花頂生，圓錐花序或繖房花序，花白色，有些會略帶淡紅色。黑色核果很特別，外覆肉質花被，具3稜，熟果可生食或與米飯共煮。嫩莖葉可食，味道略帶酸味，嫩葉是民間用藥，可治療跌打損傷及腰痠背痛。

- **辨識重點** 葉面常有三角形的暗紅色斑紋，結黑色卵形核果。
- **別名** 冷飯藤、烏炭子、早辣蓼、清飯藤、雞糞藤。
- **喜生環境** 低海拔地區潮濕地。

花白色

圓錐花序或繖房花序頂生

花藥會由白色變為藍色

單葉互生，葉面常有三角形的紫藍色斑紋

分布 平地至海拔2000多公尺	最佳觀察點 深坑國小	花期 春至秋季	花色 白

屬名 蓼屬　　　　　　　學名 *Polygonum hydropiper* L.

水蓼

蓼屬種類多達38種，大都要依靠花、果才能分辨清楚，水蓼算是蓼屬植物中較高大的一種，多分布於中北部及東北部的河岸及耕地，在南部很少見。本種為水生植物，莖光滑多分枝，成熟莖多呈黃綠色。節膨大，關節處具紅色環紋。單葉互生，披針形，兩面均具腺體，葉脈及葉緣具疏短毛。托葉鞘筒狀，具緣毛。

- **辨識重點** 莖光滑、綠色，莖節處有很明顯的紅圈。
- **別名** 細葉柳葉蓼、辣蓼。
- **喜生環境** 庭園、路旁、耕菜原地及荒廢地等向陽地方。

花小，白色

圓錐花序

節膨大

30 至 40 公分

一年生草本，多分布於中北部及東北部的河岸及耕地，在南部很少見。

分布 全島低、中海拔　　|　最佳觀察點 北部山區林緣　　|　花期 4月-12月　　|　花色 白

| 屬名 蓼屬 | 學名 *Polygonum multiflorum* Thunb. var. *hypoleucum* (Ohwi) Liu, Ying & Lai |

台灣何首烏　特有種

多年生纏繞藤本植物，台灣特有種，何首烏的變種，沒有粗大的塊根，只有指頭般大小的地下莖。在中低海拔山區很常見，開花時，滿滿的白色小花，形成秋季非常特殊的景觀。莖蔓藤狀，全株光滑。葉卵形，先端漸尖，兩面光滑；葉鞘先端截形。圓錐花序頂生或腋生，花被花後乾膜質。

花小而密生

圓錐花序

葉全緣，葉背帶紫紅色

- **辨識重點**　蔓莖紫紅色，開白色或淡黃白色小花，本種外形與何首烏（*P. multiflorum* Thunb）相似，但沒有粗大的塊根。
- **別名**　紅雞屎藤、紅骨蛇、紅藤仔。
- **喜生環境**　路邊及林緣。

| 分布 全島中、低海拔山區 | 最佳觀察點 林緣 | 花期 秋、冬季 | 花色 淡黃白 |

| 屬名 蓼屬 | 學名 *Polygonum senticosum* (Meisn.) Fr. & Sav. |

刺蓼

一年生草本。蓼屬植物中，扛板歸和刺蓼的莖上都有向下生長的逆刺，這些倒鉤刺可幫助植株向前拓展。幼莖及花軸上都有細柔毛，莖略呈四角形，多分枝，具倒鉤刺。單葉互生，三角形，葉基部略呈箭形，膜質，具長柄，托葉綠色、抱莖。頭狀花序頂生或腋生，花穗有長花軸；瘦果三稜形，黑色。

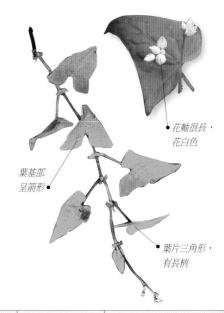

花軸很長，花白色

葉基部呈箭形

葉片三角形，有長柄

- **辨識重點**　莖具倒鉤刺及疏柔毛；和扛板歸一樣也有三角形的葉子，但不呈盾形，而是基部略呈箭形。
- **別名**　三角鹽酸、蛇不鑽、貓舌草。
- **喜生環境**　原野路邊草叢中或樹林邊緣。

| 分布 中、低海拔山區 | 最佳觀察點 三峽附近田野 | 花期 春、夏兩季 | 花色 白，花苞先端粉紅色 |

屬名 酸模屬	學名 *Rumex acetosella* L.

小酸模

多年生草本，全草細嫩部分都可食用，但要先汆燙除去酸味，再煮湯或炒食，吃太多則會造成消化器官不適；原住民也有大量採取，剁碎用來餵土雞。全株細直無毛，嘗之具有酸味。葉片拔針形，根生葉叢出，莖生葉較小，基部呈戟形。春末夏初開花，總狀花序，花被片紅綠色。果為瘦果，三稜形。

總狀花序呈圓錐狀排列

花被片紅綠色

- **辨識重點** 基生葉戟形，葉片形狀特殊。
- **別名** 山菠菜、野菠菜、山羊蹄、酸木通、姬酸葉。
- **喜生環境** 開闊曠野、路邊。

葉片拔針形，基部呈戟形

分布 中部、北部山區	最佳觀察點 大屯山	花期 春末夏初	花色 綠

屬名 酸模屬	學名 *Rumex crispus* L. var. *japonicus* (Houtt.) Makino

羊蹄

多年生草本，在本島的數量非常多，空曠地就有散生，根或全草可入藥，也有人採摘當野菜，但是吃多了容易拉肚子。根很粗大，味道有點苦；莖直立，有淺縱溝，通常不分枝。葉具柄，薄紙質，披針形，兩面無毛。春季時，莖頂或葉腋開出淡黃色或淡綠色小花，花多朵成束。瘦果橢圓形，先端三稜形。

花淡綠色，多朵成束

60至80公分

生命力很強，即使砍除地上部，留存的地下部也能很快又長出新植株。

稠密的花束組成總狀花序，再排成窄長的圓錐花序

- **辨識重點** 節上有膜質的鞘狀托葉，莖生葉會往上漸次變小。
- **別名** 本大黃、土大黃、牛舌頭、羊舌頭。
- **喜生環境** 開闊地。

葉披針形，莖生葉向上漸小

分布 低海拔開闊地	最佳觀察點 深坑、石碇山邊路旁	花期 春季	花色 淡黃或淡綠

馬齒莧科 Portulacaceae

肉質草本或亞灌木，廣泛分布於田野、路邊及住宅附近，抗旱能力強，莖可貯存水分，再生力也強，幾乎可以在任何土壤、環境生長。單葉，螺旋狀著生或有時對生，托葉缺或成毛狀。花單生或成總狀或聚繖狀，兩性，稀單性，輻射對稱；萼片基部與花瓣和花絲合生。果實為蒴果，蓋裂或2-3瓣裂。

屬名 馬齒莧屬	學名 *Portulaca oleracea* L.

馬齒莧

一年生肉質草本，嫩莖葉是美味野菜，也是民間常用的中草藥，採其莖葉煎服有利尿、殺蟲功效，並可治水腫。莖多分枝，光滑無毛，常匍匐地面。葉子形狀像馬的牙齒，倒卵形，螺旋狀著生至近對生，全緣。黃色小花頂生，無花梗，在陽光普照的春天開花，花瓣5枚。果為蓋果，球形，種子很多。

- **辨識重點** 肉質葉片全緣，略帶紫紅色，除葉腋外，全株光滑無毛。黃色花頂生，長橢圓形的蒴果橫向裂開後，會迸出許多小小黑黑的種子。
- **別名** 豬母乳、豬母草、豬母菜、長命菜、寶釧菜。
- **喜生環境** 路邊、庭院、荒地或沿海地區。

5瓣黃色小花頂生，無花梗

葉子形狀像是馬的牙齒

約20公分

可耐不良環境的一種野草，採一段莖葉隨便種也能活，以前養豬人家常採莖葉餵豬，又叫做「豬母乳」。

莖多分枝，多呈紅紫色

分布 低海拔、平地	最佳觀察點 公園步道旁	花期 夏、秋兩季	花色 黃

屬名 馬齒莧屬	學名 *Portulaca pilosa* L. subsp. *pilosa*

毛馬齒莧

一年至多年生草本，因為耐鹽、抗風、耐旱而成為海濱常客。生長速度快，繁殖容易，可叢植成盆栽，具有觀賞價值。莖多分枝，匍匐或斜上，節處光滑。葉橢圓形，螺旋狀著生至近對生，葉腋處明顯被毛。花無梗，頂生，被6-9片輪生葉包圍，呈紫紅色。蒴果卵形，蠟黃色，成熟後蓋裂，露出細小的黑色種子。

- **辨識重點** 葉腋內披覆稀疏的長柔毛，因而得名；肉質葉線狀披針形，開紫紅色的豔麗小花。
- **別名** 禾雀舌、日頭紅、禾雀花、松葉牡丹、午時草、小半支蓮、白頭紅。
- **喜生環境** 高溫、濕潤和陽光充足的地方。

肉質葉，線狀披針形，呈螺旋狀著生 ●

紫紅色單瓣花頂生 ●

葉腋處明顯被毛 ●

5 至 10 公分

原產於熱帶美洲，在台灣已是歸化植物，生長在各地平野、海邊、溪岸等地。

分布 全島低海拔地區	最佳觀察點 福隆海邊	花期 3月-10月	花色 紫紅

屬名 土人參屬	學名 *Talinum paniculatum* (Jacq.) Gaertn.

土人參

一年或多年生宿根性草本，因主根粗大如人參而得名。全株光滑無毛，莖少分枝；莖葉柔軟多汁，連花莖可達60公分左右。葉橢圓形至倒卵形，具短柄，全緣。花夏季盛開，花序圓錐狀，小花紫紅色，5瓣。果實圓球形，種子黑色，數目多且小，繁殖力強。嫩莖及根都可當野菜，嫩莖葉洗淨炒食或煮湯，根洗淨後可燉牛腱、牛腸或豬小排，滋味不錯。

- **辨識重點** 全株平滑無毛，莖葉柔軟多汁；主根粗大、形如人參；開紫紅色5瓣小花。
- **別名** 假人參、參仔葉、櫨蘭、參仔草、土高麗。
- **喜生環境** 廢耕地、農田、路旁。

圓錐花序頂生或側生

蒴果近球形，初時鮮紅色，熟時灰褐色

雄蕊10枚

5瓣小花看起來像梅花

約80公分

花紫紅色

原產熱帶美洲，現已成為馴化於全島原野的野生植物。土人參跟人參一樣，都具有藥效，都能解燥熱。

分布 低海拔路旁	最佳觀察點 農田	花期 5月-7月	花色 紫紅

報春花科 Primulaceae

一年或多年生草本，很少呈亞灌木狀。葉多為單葉，無托葉。花部常5數，花兩性，花冠合瓣，排成腋生總狀或生於花莖頂呈繖形狀；果實為蒴果。本科植物常有腺點或白粉，多具有鮮豔的花冠，可招引昆蟲。有些屬具有兩型花，這是適應異花授粉的一種特殊結構。

屬名 琉璃繁縷屬	學名 *Anagalis arvensis* L.

琉璃繁縷

一年或二年生草本，海濱常見的一種植物，可當作野菜直接煮食或炒食，民間偶有使用全草來治療肝脾腫大者。莖四稜，下方傾伏地上，自基部開始分枝，所以都成群生長。葉對生，葉片翻面會看到一點一點的紫色斑點。花朵單生於葉腋，花冠外圍藍紫色，接近中心的部分呈桃紅色，5枚黃色雄蕊突出於花冠外。

- **辨識重點** 葉背有一點一點的紫色斑點；花藍紫色，中心部分桃紅色，花藥黃色；球形蒴果黑褐色，熟後開裂，像打開蓋子一樣。
- **別名** 海綠、火金姑。
- **喜生環境** 空曠向陽的草生地。

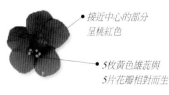

接近中心的部分呈桃紅色

5枚黃色雄蕊與5片花瓣相對而生

花藍紫色，具長梗

葉對生，無葉柄、全緣

15至30公分

花色如琉璃般漂亮，花朵小而鮮豔，極容易發現其蹤跡。

分布 全島各地海邊	最佳觀察點 貢寮海邊	花期 3月-5月	花色 藍紫

屬名 點地梅屬	學名 *Androsace umbellata* (Lour.) Merr.

地錢草

一年或二年生草本，無莖。葉基生成蓮座狀排列，兩面有柔毛，卵圓形，粗齒緣，基部截形；葉柄細長，開花莖細長，花柄也細長，是這種植物一個很容易辨認的特徵。小花呈繖形著生於開花莖上，花瓣白色。果卵球形，5瓣裂。

5至10公分

抽長的花莖上開著5瓣小白花，花與植株都很柔美。

- **辨識重點** 卵圓形的葉子鋪在地上，就像是一塊塊銅板，所以得名。抽長的花莖呈十字形，綻放點點小白花，5瓣小花就像開在地上的梅花，因此別名「點地梅」。
- **別名** 大馬蹄草、野地梅、銅錢草、點地梅。
- **喜生環境** 海邊開闊草生地。

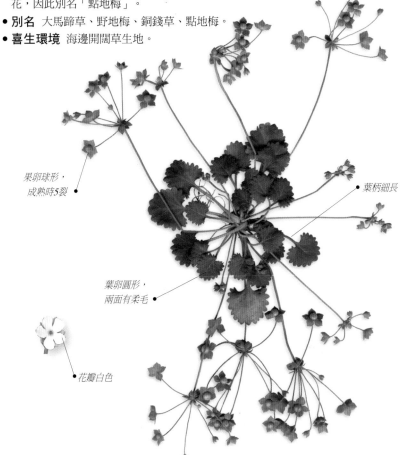

果卵球形，成熟時5裂

葉柄細長

葉卵圓形，兩面有柔毛

花瓣白色

分布 海濱及低海拔地區	最佳觀察點 貢寮海邊	花期 12月-次年4月	花色 白

屬名 珍珠菜屬	學名 *Lysimachia japonica* Thunb.

小茄

蔓性或匍匐性多年生草本，未開花時非常不起眼，加上植株本身很小，常受忽略。但一旦開花，金黃色的花鮮豔搶眼，小巧可愛的模樣讓人忍不住要多看兩眼。全株被覆短柔毛，莖有稜，斜上生長。葉片卵形，單葉對生，全緣，兩面都布滿了毛，背面有透明腺點。黃色花腋生，花冠5裂；蒴果球形，褐色。

黃色花腋生，花冠5裂

葉片卵形，單葉對生

全株被覆短柔毛

- **辨識重點** 莖有稜，具土黃色柔毛；葉具透明腺點。開5瓣的小黃花，小巧可愛。
- **別名** 似茄排草。
- **喜生環境** 半日照的潮濕地方。

分布 北部海濱及山野	最佳觀察點 石碇皇帝殿	花期 春、夏兩季	花色 黃

屬名 珍珠菜屬	學名 *Lysimachia mauritiana* Lam.

茅毛珍珠菜

二年生草本，可適應許多生態環境，是海岸砂丘第一線植物，生命力極強，為了抵擋過度的水分蒸發，植株莖葉都變得肥厚，有如景天科的多肉植物一般。莖單生或叢生，無毛，略肉質，上部常分枝。葉略肉質，無柄或近無柄，倒卵形，具黑色腺點。頂生總狀花序，花白色至淡粉紅色。蒴果球形，柱頭宿存。

花白色至淡粉紅色

球形蒴果上有柱頭宿存

葉無柄或近無柄

莖葉肥厚，肉質

- **辨識重點** 莖葉肥厚，有如景天科的多肉植物。
- **別名** 濱排草、黑點珍珠菜。
- **喜生環境** 海濱岩隙或砂礫地。

分布 全島海邊	最佳觀察點 東北角	花期 夏季	花色 白至淡粉紅

毛茛科 **Ranunculaceae**

一年生或多年生草本，偶為灌木和木質藤本，葉通常呈掌狀分裂或羽狀分裂，莖中空，花單出或為總狀花序、圓錐花序，腋生，花萼3枚或更多，花瓣3枚至多數，花萼、花瓣各呈1輪排列。廣泛分布在世界各地，台灣約有10屬45種。本科是含有毒植物種類最多的科之一。

屬名 銀蓮花屬	學名 *Anemone vitifolia* Buch.-Ham. *ex* DC.

小白頭翁

直立草本，全草有毒，早期常用來製作殺蟲劑或藥用原料。花謝後所結的果實上附生許多白色綿毛，宛如老翁白髮，因此得名。晴朗的日子，帶著白綿毛的瘦果會隨風飄入天空，尋找另一個落腳處。葉有兩型，根生葉叢生，三出複葉具有長柄；莖生葉對生，幾乎無柄。夏天開花，萼片5枚，花瓣狀。

- **辨識重點** 葉似葡萄葉，因此有「葡萄葉銀蓮花」的稱呼。瘦果多數，集生成一個球狀體，成熟後附有許多白色綿毛。花期長，同一株經常有花果並存的情形。
- **別名** 雙花金瓶、三花雙梅瓶、台灣秋牡丹、葡萄葉銀蓮花。
- **喜生環境** 林緣、路邊或開闊地。

30至50公分

中海拔路邊常見的小野花，細長的花梗上有一對莖生綠葉。

5枚花瓣狀的萼片

花絲黃色，多數明顯

莖生葉對生，幾乎無柄

分布 全島中高海拔山區	最佳觀察點 梅峰	花期 夏季	花色 白

屬名 鐵線蓮屬	學名 *Clematis chinensis* Osbeck

威靈仙

多年生落葉性木質藤本。根可入藥，具有袪風濕及通經絡的功效，是常用中藥。莖瘦長，嫩枝被短毛。葉對生，一至二回羽狀複葉，下部羽片呈三出複葉，具長柄，小葉5-15片，狹卵狀披針形，3-5出脈。花序為聚繖花序狀，腋出或頂生，花白色；花萼白色，4片。果實為瘦果，被毛。

- **辨識重點** 莖具縱溝，幼時披黃褐色茸毛，乾後常變黑。同科的串鼻龍是羽狀複葉，小葉3-9片，葉為粗鋸齒緣；而本種是小葉5-15片，葉全緣。
- **別名** 鐵腳威靈仙、為候山。
- **喜生環境** 林緣或開闊地。

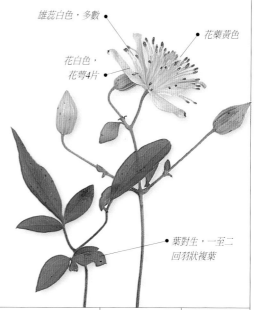

雄蕊白色，多數
花藥黃色
花白色，花萼4片
葉對生，一至二回羽狀複葉

分布 中低海拔山區或郊野	最佳觀察點 南澳神祕湖	花期 夏季	花色 白

屬名 鐵線蓮屬	學名 *Clematis grata* Wall.

串鼻龍

舊時農家會將木質化的蔓莖，在穿過洞的牛鼻孔上織成環狀，以便套牢牛鼻來駕馭，也具有消炎作用。葉片兩兩對生，三出或羽狀複葉，紙質，小葉3-9片，三角形或橢圓形，先端漸尖，基部鈍或三深裂，粗鋸齒緣，上表面疏被毛或光滑，下表面被毛，三出脈；莖密被毛。花白色，花萼白色，4片。

- **辨識重點** 全株密被粗毛，莖攀緣性，老莖木質化。果實先端具長柔毛。
- **別名** 綴鼻草、鐵線蓮、台灣鐵線蓮、台灣牡丹藤。
- **喜生環境** 全島中低海拔，都有其蹤影。

瘦果頂端具長柔毛的宿存花柱
花白色，腋生
花絲線形
葉對生，三出或羽狀複葉

分布 全島中低海拔	最佳觀察點 石碇平野	花期 夏季	花色 白

屬名 鐵線蓮屬	學名 *Clematis lasiandra* Maxim.

小木通

多年生木質藤本，可供藥用，為毛茛科鐵線蓮屬的植物，這一屬的植物多為藤本，葉對生，單葉或複葉，是森林邊緣常見的爬藤。生長於中央山脈中、高海拔山區，莖有縱溝稜，成熟時光滑。二回三出複葉，葉紙質，對生，卵狀披針形，鋸齒緣。花紅色或白色，萼片4枚。

葉為二回
三出複葉

- **辨識重點** 4枚花萼向下及往外翻捲，邊緣密生白毛，中間的雄蕊密生白綿毛；果實具毛，會呈螺旋羽狀開展。
- **別名** 玉山小木通、玉山絲瓜花、毛蕊鐵線蓮。
- **喜生環境** 半日照平野。

離瓣花，沒有花
瓣，只有4枚花萼

花向下開放

分布 全島中高海拔山區林緣或開闊地	最佳觀察點 梅峰地區	花期 5月-8月	花色 紅紫或白

屬名 毛茛屬	學名 *Ranunculus cantoniensis* DC.

禺毛茛

一年生草本，未開花時像極了我們吃的芹菜，花形雖小，但鮮黃的花色常引人注目。全株有辛辣的刺激味，不可誤食，卻可當藥材使用。莖中空直立，全株被粗毛。葉互生，三出複葉或3深裂，葉緣有鈍鋸齒，各小葉或裂片上表面疏被毛。雌雄同株，黃色花集成聚繖花序。瘦果扁平，多數聚生成圓球狀的聚合果。

花頂生，
花瓣5枚

- **辨識重點** 葉形像芹菜，春夏開黃花，結球形小刺果。
- **別名** 回回蒜、大本山芹菜、水辣菜、辣子草。
- **喜生環境** 開闊地半日照的地方。

莖中空，全
株被有粗毛

葉互生，三出複
葉或3深裂

分布 全島低至高海拔潮濕地	最佳觀察點 二格山路旁	花期 春、夏兩季	花色 黃

鼠李科 Rhamnaceae

大部分為喬木，也有灌木和藤本植物，少部分為草本。分枝有時有刺，單葉互生，稀對生，常為革質；有小型托葉，早落或成銳刺。聚繖、總狀或圓錐花序，花兩性或雜性；花萼、花瓣及雄蕊皆4或5數；果實為肉質核果或蒴果，有時具翼。本科植物莖上通常都有刺，葉脈明顯。廣泛分布全世界各地，全球有58屬約900種，台灣6屬13種。

屬名 雀梅藤屬	學名 *Sageretia thea* (Osbeck) M. C. Johnst.

雀梅藤

藤狀或直立灌木，植株枝葉密集且具刺，常被栽培成綠籬，葉子可當茶葉沖泡，也可供藥用。葉略革質，互生，卵形。每年在夏末秋初時節開始開花，花黃綠色，排成頂生或腋生穗狀或圓錐狀花序，花朵小而不起眼。核果略球形，成熟時呈紫黑色，吃起來酸酸甜甜的。

- **辨識重點** 具有枝狀刺，常和葉子對生，枝刺上還可長新葉並開花，相當特別。
- **別名** 牛鬃刺、對角刺。
- **喜生環境** 全日照或半日照的開闊地。

100至150公分

植株枝葉密集且具刺，產於台灣海濱及低海拔山麓叢林中。

穗狀花序，花朵小而不起眼●

葉互生，卵形，細鋸齒緣

分布 海濱及低海拔山麓叢林中	最佳觀察點 福隆海邊	花期 秋季	花色 黃綠

薔薇科 Rosaceae

草本、灌木或喬木，常有刺。單葉或複葉，多為互生，托葉常附生於葉柄上。花多為兩性，大都輻射對稱，花軸上方發育成碟狀、鐘狀、杯狀、壇狀或圓筒狀的花托。果實具經濟價值，有核果、梨果、蓇葖果或瘦果等多種，有些生於增大的肉質花托上。本科以北溫帶分布較多，著名的植物種類，包括薔薇、蘋果、梨及桃等。台灣有25屬。

屬名 鋪地蜈蚣屬	學名 *Cotoneaster morrisonensis* Hayata

玉山鋪地蜈蚣　特有種

落葉性匍匐灌木，台灣特有種，因為莖枝匍匐又多小枝，因此得名。植株幾乎貼地伸展，莖上常生不定根。葉革質，卵形或橢圓形，先端圓或凹缺，下表面密被毛，葉的邊緣向下反捲。花單生，白色；果橢圓形，熟時紅色。

- **辨識重點** 本種與同屬的矮生栒子（*C. dammeri* Schneid.）近似，但矮生栒子葉較大，花梗較長。
- **別名** 台灣栒子。
- **喜生環境** 向陽的草生地及岩地。

10至20公分，匍匐狀伸展

特產於台灣中央山脈海拔2500以上的向陽岩壁及草生地，常形成大面積族群，可作為水土保持樹種。

葉卵形或橢圓形，邊緣向下反捲

花單生，白色

分布 中央山脈中、北部海拔2500公尺以上的向陽地	最佳觀察點 塔塔加往玉山山徑旁	花期 夏、秋兩季	花色 白

屬名 蛇莓屬	學名 *Duchesnea indica* (Andr.) Focke

蛇莓

多年生匍匐性草本，節節生根，全體被白色絹毛。三出複葉，小葉卵狀橢圓形。黃色花腋生，花瓣5枚。聚合果細小、紅色，可以生吃，著生於膨大的花托上，上面的小紅粒是一個個瘦果。看似不起眼的小草卻用處多多，全草可入藥，外用能治蟲蛇咬傷，內服可以活血散瘀，全草浸液還能殺死孑孓及蠅蛆。

花黃色，萼片5枚，外圍還有苞片狀的副萼

紅色的聚合果，小紅粒是一個個瘦果

三出複葉，小葉邊緣有鋸齒

- **辨識重點** 搶眼的黃花及紅果是辨識的主要特徵。
- **別 名** 蛇泡草、蛇果草、龍吐珠、蛇波、雞冠果。
- **喜生環境** 半日照的草生地。

分布 全島低至中海拔地區	最佳觀察點 北宜公路	花期 春-秋季	花色 黃

屬名 草莓屬	學名 *Fragaria hayatai* Makino

台灣草莓 特有種

多年生草本，台灣特有種，全島中高海拔的疏林中或路旁都可看到。開花數多又潔白，可用走莖繁殖，株株相連，常常會看到地上整片的小植株。莖低矮匍匐，全株被曲柔毛。三出複葉具長柄，小葉倒卵形，先端平或圓。花白色，單生或2-4朵呈總狀花序。紅色瘦果聚集在球形花托上，沒有食用價值。

- **辨識重點** 葉柄及走莖為紅色，白色花瓣的基部帶有紅紫色的條斑，果實紅色。
- **別 名** 早田氏草莓、野草莓。
- **喜生環境** 路旁或開闊地。

花白色，花瓣5-6枚

走莖紅色

三出複葉，葉脈深刻，粗鋸齒緣

分布 全島中高海拔山區	最佳觀察點 新中橫塔塔加地區	花期 夏季	花色 白

屬名 薔薇屬	學名 *Rosa sambucina* Koidz.

山薔薇

攀緣性灌木，平時不開花時並不容易發現，但一旦開花，總是開得滿滿一樹，非常漂亮，想摘幾朵欣賞，小心被剛硬的短鉤刺傷。莖疏生短刺，小葉5片，有時3片，長橢圓狀卵形，小葉的葉柄很短。花白色，花柱合生，數朵集成頂生繖房花序；瘦果卵圓形。

- **辨識重點** 花白色，萼片下表面密被茸毛。
- **別名** 台灣山薔薇。
- **喜生環境** 森林邊緣。

蔓性藤本

攀緣性灌木，平時不開花時並不容易發現，但一旦開花，總是開得滿滿一樹。

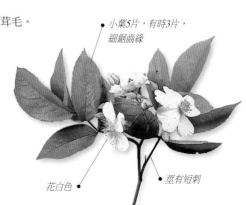

小葉5片，有時3片，細鋸齒緣

花白色

莖有短刺

分布 全島中高海拔山區	最佳觀察點 新中橫塔塔加地區	花期 夏季	花色 白

屬名 薔薇屬	學名 *Rosa transmorrisonensis* Hayata

高山薔薇

落葉性或半落葉性小灌木，總是大片生長在中高海拔的崩塌地或裸露地，數量頗豐。花朵和成熟果實可食，花朵清洗後可生食、炒食或煮湯，也可醃漬成泡菜；紅熟的果實洗淨後可生食，也可加工製成蜜餞。小枝光滑無毛，刺散生或成對生長。小葉5 -7枚，極少數為3枚，橢圓或長橢圓形。花單生，成對或3-5朵成聚繖花序。球形瘦果，橘紅至鮮紅色。

- **辨識重點** 花少，單一或3-5朵聚成繖形花序，葉片下表面至少沿中肋有毛。
- **喜生環境** 崩塌地、裸露地。

白色花單生，5瓣

花瓣倒卵形，先端凹入

葉為奇數羽狀複葉

分布 中央山脈高海拔山區	最佳觀察點 合歡山地區	花期 5月-7月	花色 白

| 屬名 懸鉤子屬 | 學名 *Rubus buergeri* Miq. |

寒莓

匍匐性草本，生長在全島中低海拔山區森林邊緣。花小而不顯眼，所以常常被視而不見。根可入藥，味道有點酸，具有清毒、解熱的功效。莖細長，密被毛，節上生根。單葉圓形，有鋸齒，常3-5淺裂，下面密被粗硬的毛。總狀花序腋生，花瓣白色；果球形，熟時為紅色。

單葉圓形，有細鋸齒

花小而不顯眼

- **辨識重點** 莖無刺或散生小刺，開白花，結紅果。
- **別名** 地莓、大葉寒莓。
- **喜生環境** 路旁或森林內。

| 分布 全島中低海拔山區 | 最佳觀察點 北宜石牌森林內 | 花期 夏季 | 花色 白 |

| 屬名 懸鉤子屬 | 學名 *Rubus rolfei* (L.) Vidal |

高山懸鉤子

蔓性小灌木，常在高海拔地區的坡面呈匍匐狀生長，可種植作為護坡植被。植株平時不顯眼，但結果時，一顆顆晶瑩剔透的集生果十分迷人，果實多汁可食，為山區野鳥及小型野生動物的重要食物。全株散生刺；單葉圓形，背面有褐色柔毛；托葉先端深裂。短總狀花序腋生或頂生，花瓣白色，卵形。果球形，成熟時橘紅色。

果熟為橘紅色

葉圓心形，背面有褐色柔毛

花瓣白色，卵形

- **辨識重點** 莖節具不定根，葉圓心形、淺裂，冬天會轉成紅黃色。
- **別名** 玉山懸鉤子、羅氏懸鉤子。
- **喜生環境** 半開放的坡面。

| 分布 中央山脈中高海拔地區 | 最佳觀察點 合歡山路邊山壁 | 花期 3月-8月 | 花色 白 |

屬名 懸鉤子屬	學名 *Rubus rosifolius* J. E. Smith

刺莓

台灣原生種，低海拔地區常見的低矮灌木，全株密生茸毛及倒鉤刺。懸鉤子屬是一個大屬，在台灣約有37種，大部分都帶有鉤刺，可以鉤住東西往上攀爬，因此得名，本種是低海拔較常見的一種。植株被腺點，莖及小枝被覆展開的細毛。羽狀複葉，小葉3-7枚，重鋸齒緣，下面有軟毛。花單一或數朵頂生，萼片線狀三角形。果實為多數小瘦果組成，卵至橢圓形，成熟時紅色，可食用。

- **辨識重點** 全株密布倒鉤刺，果實長得像草莓，但味道比草莓酸。
- **別名** 台灣懸鉤子、虎婆刺、刺波。
- **喜生環境** 半日照的草生地。

羽狀複葉，小葉3-7枚

紅色果實
像草莓

莖具倒鉤刺

40
至
60
公
分

本種是低海拔地區常見的低矮灌木，果實甘中帶酸，是可口的野果。

花白色，1-3朵頂生

分布 全島低至中海拔地區	最佳觀察點 北宜公路	花期 春至秋季	花色 白

屬名 懸鉤子屬	學名 *Rubus swinhoei* Hance

斯氏懸鉤子

攀緣灌木，葉子的兩面顏色不一樣，葉面綠色且光滑；葉背稍白帶有鉤刺，讓爬山的人敬而遠之。全株有刺，幼莖被捲毛狀茸毛；單葉互生，長橢圓狀披針形，不規則鋸齒緣。花單生或2-5朵呈總狀花序，外被茸毛及長腺毛。果實為集生果，熟時黑紫色，可吃，但無食用價值。

- **辨識重點** 單葉互生，葉端漸尖，葉緣有細鋸齒，呈波浪狀起伏；葉面綠色而光滑，葉背淺綠色並有鉤刺。
- **別名** 京白懸鉤子、基隆懸鉤子。
- **喜生環境** 林道旁或森林內。

蔓性藤本

喜歡攀爬在樹上，讓垂下來的枝葉在風中搖曳生姿。

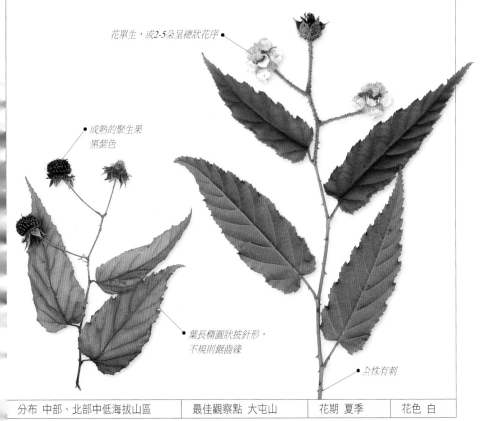

花單生，或2-5朵呈總狀花序

成熟的聚生果黑紫色

葉長橢圓狀披針形，不規則鋸齒緣

全株有刺

分布 中部、北部中低海拔山區	最佳觀察點 大屯山	花期 夏季	花色 白

| 屬名 懸鉤子屬 | 學名 *Rubus taiwanicola* Koidz. & Ohwi |

台灣莓　特有種

矮小亞灌木，台灣特有種，分布在中央山脈中、高海拔山區，具觀賞價值，常出現在山區向陽地或開闊地。全株無毛；奇數羽狀複葉，小葉9-15片，兩面光滑無毛，葉軸紅色。花單一或成對，花瓣白色。果實球形，熟後深紅色，味道酸甜，是許多野生動物的重要食物。

花單一或成對生長

花白色，花瓣5枚

- **辨識重點** 全株無毛，奇數羽狀複葉，小葉9-15枚；5瓣花白色，果紅色。
- **別名** 小葉懸鉤子、美懸鉤子、鳥井懸鉤子。
- **喜生環境** 開闊地或森林邊緣。

小葉橢圓形，鋸齒緣

| 分布 特產於中央山脈中高海拔地區向陽地 | 最佳觀察點 大禹嶺 | 花期 7月-11月 | 花色 白 |

| 屬名 懸鉤子屬 | 學名 *Rubus trianthus* Focke |

苦懸鉤子

攀緣落葉灌木，莖枝暗紫色，並散生許多鉤刺。單葉，卵形至卵狀長橢圓形，不裂至3深裂，不規則鋸齒或重鋸齒緣，兩面光滑，下表面常灰色或白色。花數朵成總狀花序，花瓣白色、倒卵形，萼片三角狀卵形至披針形。果近球形，熟時橘紅色。本種鉤刺多又喜歡長在林道旁，登山時被纏住可能會皮破衣爛，是登山客頭痛的植物。

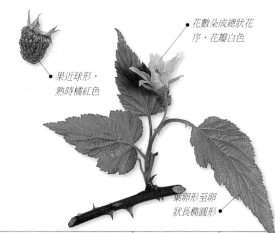

花數朵成總狀花序，花瓣白色

果近球形，熟時橘紅色

- **辨識重點** 莖枝暗紫色，幼枝、葉柄、葉背、托葉無毛；葉下表面灰白色；花數朵聚成總狀花序，花柄細長。
- **別名** 虎氏懸鉤子。
- **喜生環境** 林道兩旁。

葉卵形至卵狀長橢圓形

| 分布 低、中海拔地區 | 最佳觀察點 北部、中部地區森林邊緣 | 花期 12月-1月 | 花色 白 |

茜草科 Rubiaceae

本科全世界種類超過5000種，木本、草本都有。單葉對生或輪生，托葉明顯，通常宿存。花兩性合瓣，花瓣裂片通常4-6。果為蒴果、漿果或核果。本科有多種經濟作物，茜草屬（*Rubia*）、梔子屬（*Gardenia*）可做染料，咖啡是重要飲料，其他還有多種藥用及觀賞植物。

屬名 耳草屬	學名 *Hedyotis corymbosa* (L.) Lam.

繖花龍吐珠

一年生直立或斜生草本，分枝纖細，莖呈四稜形，無毛或在稜處被毛。葉對生，幾乎無柄，線形，葉緣向內捲，頂端具細小鋸齒狀毛。花每1-4朵著生於葉腋和頂端，白色，具花梗。蒴果球形，種子多且細小，褐色。植株小而不起眼，如果細心一點，常可在荒廢的農田或園藝花圃裡發現，花、果都小巧可愛。

30公分，微蔓性

台灣全島低海拔地區的稻田或濕地都有分布，生命力旺盛。

- **辨識重點** 聚繖花序有明顯的總花梗；花冠白色，喉部有一圈短白毛。
- **別名** 珠仔草、定經草、水線草、龍吐珠、繖房花耳草、大本白蛇舌草。
- **喜生環境** 荒廢地、農田、路邊。

葉對生，幾乎無柄

總花梗細長

花冠白色

花每1-4朵著生於葉腋和頂端

分布 全島低海拔地區	最佳觀察點 台大後山農場	花期 全年，春季尤盛	花色 白

屬名 雞屎樹屬	學名 *Lasianthus wallichii* Wight

圓葉雞屎樹

常綠小灌木，因為葉子搓揉後有雞屎臭味而得名。小枝密被鬚毛；單葉對生，長橢圓形，表面無毛，背面密被毛，葉基歪斜，葉緣有毛，葉柄非常短。花腋生，花序具苞片，筒狀花冠白色，上半部三分之一被毛。果實球形，成熟時藍紫色。

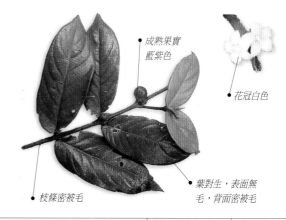

成熟果實藍紫色

花冠白色

枝條密被毛

葉對生，表面無毛，背面密被毛

- **辨識重點** 雞屎樹屬植物在台灣有14種，外部形態都很相像。本種是最常見的一種，辨識重點包括：葉背密生開展性的粗長毛，以及葉基部為歪斜圓心形。
- **別名** 斜基粗葉木。
- **喜生環境** 闊葉林底下。

分布 全島低海拔森林	最佳觀察點 烏來闊葉林	花期 夏季	花色 白

屬名 擬鴨舌癀屬	學名 *Richardia scabra* L.

擬鴨舌癀

一年生至多年生草本。匍匐在地面上，沒開花時像一般雜草，並不起眼，開花季節，像星星般的潔白小花會讓人眼睛一亮。全株生白色短剛毛，莖方形，柔弱，多分枝。葉長橢圓狀披針形，葉緣具針狀細裂。花腋生於葉軸上，花冠漏斗形，白色，外面上部被毛，冠筒內也具環狀毛，非常可愛。

花序頂生，花冠6深裂

莖上被毛

葉對生，橢圓形

- **辨識重點** 本種與闊葉鴨舌癀舅的植株大小及葉形都差不多，但本種頭狀花序頂生、花冠6裂，而闊葉鴨舌癀舅則是花叢生葉腋或頂生，花冠4裂。
- **別名** 假破得力、假鴨舌癀。
- **喜生環境** 海邊及近海向陽砂質地。

分布 西部及東北角海邊	最佳觀察點 福隆海邊	花期 秋季	花色 白

屬名 蛇根草屬	學名 *Ophiorrhiza japonica* Bl.

蛇根草

多年生草本，據說是治療帶狀皰疹（飛蛇症）的草藥，所以得名。葉對生，橢圓形至長橢圓狀披針形，先端銳尖至漸尖，基部漸狹，無毛或疏被毛。花小但開花數量驚人，滿布茸毛的小白花成群開放在潮濕的林蔭下，十分醒目。

- **辨識重點** 像小喇叭的星狀花，花瓣裡有細小的茸毛。
- **別名** 日本蛇根草、荷包花。
- **喜生環境** 開闊地半日照的地方。

白色的小喇叭花開花數驚人，上面有毛茸

葉對生，具有線狀三角形的葉托

10 至 40 公分

喜歡生長在潮濕處，台灣中低海拔山區常見，常成群生長。

分布 中低海拔闊葉林下	最佳觀察點 大屯山區	花期 春、夏兩季	花色 白

屬名 雞屎藤屬	學名 *Paederia foetida* L.

雞屎藤

多年生匍匐性藤本，因莖、葉搓揉後有雞屎般特殊的腥臭味而得名。莖木質化，葉對生或三枚輪生，近膜質，葉形變異極大，有卵形、卵狀披針形或線狀披針形。圓錐狀聚繖花序，花為鐘形花，小巧可愛，有如鈴鐺，花瓣顏色外白而內深紫。民間常拿來當作中藥材，可以止咳化痰、治療感冒，對風濕及痢疾也有效。嫩莖葉可蒸食或炒蛋吃，莖汁有特殊甜味，可吸食。漿果，球形，黃熟有光澤。

- **辨識重點** 喜歡攀附在其他植物或物體上，葉子搓揉後有雞屎味；花瓣外白而內深紫。
- **別名** 五德藤、五香藤、雞矢藤、牛皮凍、紅骨蛇、臭腥藤、雞香藤、雞糞藤。
- **喜生環境** 全島低海拔、向陽荒廢地、空曠地。

性喜溫暖多濕的環境，常見於海堤或路旁，攀繞在其他植物身上。

鐘形花，花瓣外白而內深紫

聚繖花序成圓錐狀

蔓性

葉柄與莖接合處有三角形托葉

葉對生，卵狀披針形

| 分布 低海拔、平地 | 最佳觀察點 台大農場 | 花期 6月-10月 | 花色 外白而內粉紅或深紫 |

無患子科 Sapindaceae

喬 木、灌木、木質或草質藤本。羽狀複葉或三出複葉，稀單葉，通常互生。花小，兩性或單性，成總狀、圓錐或繖房狀花序；花瓣基部常具鱗片狀物，內有蜜腺。果實為核果或蒴果，有時具翅。本科植物多具乳汁，在葉子或種子內含有皂素，用水搓揉會產生泡沫。

屬名 倒地鈴屬	學名 *Cardiospermum halicacabum* L.

倒地鈴

多年生蔓性草本，枝條很軟，如果沒有東西可以攀爬，就會倒在地上到處爬，因而得名。莖細長有溝，略有毛，可達數公尺，分枝甚多。葉互生，二回三出複葉，小葉有銳鋸齒。花淡綠白色，花梗很長。蒴果呈倒卵狀，具有三稜角，成熟時鼓得像風鈴一般，十分可愛；種子黑白雙色，白色部分像是心形圖案，又稱為「心豆」或「相思豆」，頗具觀賞價值。

- **辨識重點** 枝條柔軟，會隨地勢隨意生長，而果實似鈴鐺，具有三稜角。
- **別名** 風船葛、燈籠朴、鬼燈籠、三角燈籠、包袱草。
- **喜生環境** 山野灌叢中。

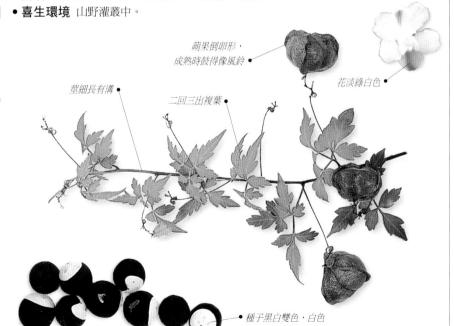

蒴果倒卵形，成熟時鼓得像風鈴

花淡綠白色

莖細長有溝

二回三出複葉

種子黑白雙色，白色部分的圖案像是心形

分布 平地至低海拔田野	最佳觀察點 三峽白雞附近田野	花期 夏季	花色 淡綠白

三白草科 **Saururaceae**

本科為具香氣或腥味的多年生草本，有蔓延根莖，大都生長在水田、路邊或林緣陰濕之地。單葉互生，通常呈心形，托葉與葉柄連生。花兩性，成穗狀或總狀花序，無花被。常見的魚腥草開出的花序，4片花瓣狀的構造其實是總苞特化而成，果實為蒴果或漿果。

屬名 蕺菜屬	學名 *Houttuynia cordata* Thunb.

蕺菜

多年生草本，是藥用植物也是蔬菜，陰乾後使用，可清熱、解毒、利尿、消腫。全株無毛，有強烈腥味，地下根莖匍匐性、分枝多，地上莖直立。葉互生，闊心形，邊緣紅色，脈上有毛，具柄，葉柄常呈紅色。花小，無柄，6月至9月開花，穗狀花序頂生，花淡黃色，無花被，總苞4片似花瓣狀，白色，倒卵形。

- **辨識重點** 全草有獨特的魚腥味，只要輕揉葉片便腥臭無比。
- **別名** 臭腥草、魚腥草。
- **喜生環境** 低海拔的開闊地。

花淡黃色，無花被

總苞4片似花瓣，白色

葉互生，闊心形

10 至 20 公分

分布低海拔地區，喜生長於濕地上，常在水生植物區岸邊濕地生長，作為淺水邊地被植物較適宜。

分布 低海拔	最佳觀察點 石碇山野	花期 夏季	花色 淡黃

虎耳草科 Saxifragaceae

本科植物多為草本，少數是灌木或小喬木。葉通常沿著莖互生或對生，單葉或複葉。花兩性，花萼和花瓣4-5，雄蕊和花瓣同數或倍數，花瓣常有爪，花序聚繖狀，有時總狀或圓錐狀。果實為蒴果或漿果。本科多為藥用或觀賞植物，台灣自生及歸化種計有13屬。

屬名 落新婦屬	學名 *Astilbe longicarpa* (Hayata) Hayata

落新婦 特有種

多年生直立草本，為本島固有種植物。全株被柔毛，葉為一至二回羽狀複葉，叢生於根的基部，具長葉柄，葉緣為重鋸齒緣。圓錐花序頂生，花軸布滿短腺毛，花白色，花瓣很小但花軸很長，在夏日山邊隨風擺盪，就像新娘白紗禮服的裙襬搖曳生姿。果實為蓇葖果，種子多數。

- **辨識重點** 冬枯型草本植物，花莖長30-50公分，呈狹圓錐花序，花小。
- **別名** 本升麻、毛山七。
- **喜生環境** 開闊的草生地，或不甚遮蔭的森林邊緣。

花瓣很小，花軸很長

一至二回羽狀複葉，葉緣為重鋸齒緣

葉柄很長

50
至
100
公
分

落新婦全株可供藥用，有清熱、止咳功效。

分布 全島中低海拔山區	最佳觀察點 陽金公路小油坑至中湖段	花期 春、夏兩季	花色 白

屬名 溲疏屬	學名 *Deutzia pulchra* Vidal

大葉溲疏

常綠灌木。秋冬落葉、春天萌芽、初夏開花，四季分明，加上花期又長，非常適合栽培為庭園植物。全株被有星狀毛茸；圓錐花序頂生，花潔白明亮，非常顯眼。單葉對生，葉卵狀長橢圓形，厚紙質，疏細鋸齒緣至近全緣，先端銳尖至漸尖。蒴果，球形。

雄蕊黃色

葉對生，疏鋸齒緣

花色潔白

- **辨識重點** 頂生圓錐花序下垂，花盛開時如同水晶燈飾，雄蕊透出黃色；未開時，則如同一顆顆懸吊著的蛋。
- **別　名** 白埔姜、常山、蜀七。
- **喜生環境** 森林邊緣。

分布 全島低至中高海拔山區	最佳觀察點 梅峰	花期 夏季	花色 白

屬名 嗩吶草屬	學名 *Mitella formosana* (Hayata) Masamune

台灣嗩吶草 　特有種

具匍匐根狀莖的多年生草本，台灣特有種，一般生長在陰濕的森林底層或水分多的小山溝中。全株具粗毛；葉紙質，根生，具長柄，基部心形，葉面暗綠色，葉背紫色，有不規則鋸齒緣。總狀花序頂生，花軸長20-30公分，密被褐色毛，花很小，顏色不起眼。

總狀花序頂生

由葉叢中抽出長花莖

根生葉紙質，具長柄，葉背紫色

葉緣為不規則的鋸齒緣

- **辨識重點** 台灣只有這一種嗩吶草屬植物，成熟果實排列在細長花莖上，像極民間的樂器嗩吶，在野外非常容易辨認。
- **喜生環境** 山坡陰濕處或水分多的小山溝中。

分布 本島中高海拔山區	最佳觀察點 阿里山森林	花期 夏、秋兩季	花色 褐

屬名 梅花草屬	學名 *Parnassia palustris* L.

梅花草

多年生草本，大都生長於潮濕、遮蔽處；走莖極短，常叢生。花單生頂端，形似梅花，因而得名。長莖上僅有一片心形葉，及一朵白色5瓣花，花朵上長有孕性和不孕性兩種雄蕊，極為有趣。根生葉叢生，具葉柄，但是不會長出花軸。開花莖有稜，具單花，常在中間部位長出一無柄的葉。花白色，花瓣5，雄蕊5，與假雄蕊互生。蒴果褐色，闊卵形。

- **辨識重點** 莖頂抽苔開單朵白色5瓣小花，而且一枝莖僅生一片葉。
- **喜生環境** 林緣、草原及開闊坡地。

白色5瓣花形似單瓣梅花

長莖上僅長有一片心形葉

分布 全島中高海拔山區	最佳觀察點 鳶峰到合歡山	花期 3月-10月	花色 白

玄參科 Scrophulariaceae

多 為草本，稀有木本。單葉對生，少數為互生或輪生，無托葉。花兩性，兩側對稱，花冠合瓣呈筒狀，裂片常為兩唇形，雄蕊生長在花冠筒上。果實大都為蒴果，極少數為漿果。本科多種植物含有生物鹼，可當藥用，例如毛地黃、玄參等；也有觀賞花卉。

| 屬名 毛地黃屬 | 學名 *Digitalis purpurea* L. |

毛地黃

在全島中低海拔山區逸出成為歸化種，在山區很多地方都看得到，而且數量頗豐。莖被茸毛，直立而不分枝；基生葉卵狀長橢圓形，愈往莖頂葉子漸小，鈍鋸齒緣，兩面都有茸毛。花序總狀頂生，花穗成串宛如倒掛銅鈴，花瓣常見的顏色有白色、粉紅及紫紅色，花筒內具斑點及色條。

- **辨識重點** 夏天由莖頂端抽出長花穗，並由下往上順序開放美麗的鐘形花。
- **別名** 洋地黃、毒藥草、指頭花。
- **喜生環境** 草原。

花筒內具斑點及色條 ●

鐘形花由下往上順序開放

花序總狀，花瓣紫紅色 ●

20 至 30 公分

雖然開花時很漂亮，卻是有名的有毒植物，會影響心肌收縮及神經傳導，可提煉當強心利尿藥。

| 分布 全島中低海拔草原 | 最佳觀察點 梅峰 | 花期 夏季 | 花色 白、粉紅、紫紅 |

| 屬名 海螺菊屬 | 學名 *Ellisiophyllum pinnatum* (Wall. *ex* Benth.) Makino |

海螺菊

多年生匍匐性草本，匍匐莖在每一節上都可以長根，利用類似走莖方式拓展領域。全株被粗毛；羽狀葉互生，裂片5-7片。花單一，腋生；花冠廣漏斗狀，白色，花瓣5枚。蒴果包於花萼內，不規則開裂。

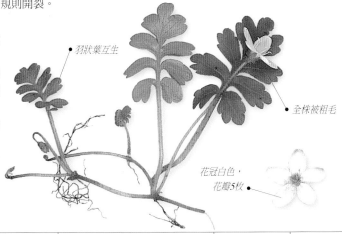

羽狀葉互生

全株被粗毛

花冠白色，花瓣5枚

- **辨識重點** 羽狀葉；花雪白色，花瓣5片。開花時花梗直立，結果時呈螺旋狀。
- **別名** 幌菊、菊唐草。
- **喜生環境** 半日照的林道上。

| 分布 全島中海拔森林邊緣 | 最佳觀察點 新中橫塔塔加 | 花期 夏季 | 花色 白 |

| 屬名 母草屬 | 學名 *Lindernia anagallis* (Burm.f.) Pennell |

定經草

一年生草本，匍匐或斜上生長，葉的基部內凹，開花時節，花梗總是從葉基上面長出來。最容易辨認的特徵，大概就是狀似心形的葉子，幾乎沒有葉柄。單葉對生，三角狀卵形或心形，鈍鋸齒緣，無毛。花單生於葉腋，花梗較鄰近的葉子長；花冠白色或淡紫色。

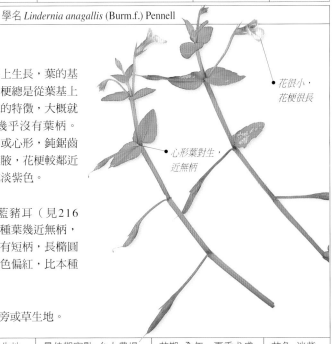

花很小，花梗很長

心形葉對生，近無柄

- **辨識重點** 本種與藍豬耳（見216頁）形態近似，但本種葉幾近無柄，三角卵形；藍豬耳葉有短柄，長橢圓形。藍豬耳的花色紫色偏紅，比本種花色深。
- **別名** 心葉母草。
- **喜生環境** 平地林道旁或草生地。

| 分布 全島低海拔草原及濕生地 | 最佳觀察點 台大農場 | 花期 全年，夏季尤盛 | 花色 淡紫 |

| 屬名 母草屬 | 學名 *Lindernia antipoda* (L.) Alston |

泥花草

一年生草本，水田或溪濱常見植物，常出現在水田的田埂上及溪邊草地上，葉片是孔雀蛺蝶幼蟲的食草。莖匍匐貼地生長，基部分枝，呈四角稜形。葉肉質，對生，倒披針形，無柄，鈍鋸齒緣。花單一，腋生或成頂生總狀花序，花冠淡紫色、粉紅色，偶為白色，基部筒狀，先端呈現唇狀裂。蒴果線形，細長。

匍匐貼地生長

本種喜生長在較濕潤的泥土地上，如田埂旁、水澤邊的草生地都可見到。

花萼5深裂

花冠筒狀，淡紫色

- **辨識重點** 葉片鈍鋸齒緣，全株無毛，花朵較不密集。
- **別名** 畦上菜、旱田草、鋸葉定經草。
- **喜生環境** 河旁及濕生地。

| 分布 全島低海拔田野、稻田、溝渠 | 最佳觀察點 台南水田邊 | 花期 全年 | 花色 淡紫、粉紅，偶為白色 |

| 屬名 母草屬 | 學名 *Lindernia crustacea* (L.) F. Muell |

藍豬耳

一年生草本，經常出現在草皮中、田埂上、水溝邊或道路旁，採用貼伏地面的方式生長，小巧可愛的花開成一片。莖多分枝，具四稜，向四方匍匐伸展。葉對生，長橢圓形，羽狀脈，鋸齒緣，表面僅中脈和葉緣被毛。花單生於葉腋，花梗稍長，花冠紫色；蒴果長橢圓形。

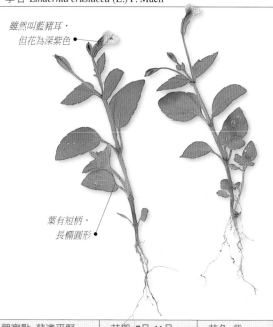

雖然叫藍豬耳，但花為深紫色

葉有短柄，長橢圓形

- **辨識重點** 紅棕色的細長方莖及紫色小花是最容易看的鑑定特徵。
- **別名** 母草。
- **喜生環境** 半日照的開闊地。

| 分布 低、中海拔地區 | 最佳觀察點 蘇澳平野 | 花期 7月-11月 | 花色 紫 |

屬名 通泉草屬	學名 *Mazus miquelii* Makino

烏子草

多年生草本，具匍匐的走莖，在根生葉的葉間伸出花莖。根生葉匙形，莖生葉互生，匙形或近圓形。總狀花序頂生，下唇瓣兩道黃褐色隆起斑紋較明顯，用來吸引昆蟲，直達花冠深處吸食花蜜。

- **辨識重點** 具匍匐的走莖，根生葉匙形，莖生葉互生。
- **別名** 米舅通泉草、匍莖通泉草、佛氏通泉草。
- **喜生環境** 開闊地半日照的地方。

春天一到，就開滿了紫色小花。

20 公分

總狀花序頂生

花莖在根生葉的葉間伸出

下唇瓣兩道黃褐色隆起斑紋很明顯

根生葉匙形

分布 中、低海拔森林邊緣	最佳觀察點 二格山	花期 春季	花色 白紫

屬名 通泉草屬	學名 *Mazus pumilus* (Burm, f) Steenis.

通泉草

一年生草本，無毒性，在冬末春初的草皮上，可以看見一群長著白紫色的小花，有一片像蝴蝶展翅的大花瓣，十分小巧可愛。冬天將盡時分，草地上就開始可以發現她們的倩影，表示春天將要到了。植株略成匍匐狀，有些呈直立，但直立莖不明顯。葉有兩型，根生葉叢生狀，莖生葉對生。花為單朵頂生，總狀花序。

喉部有兩列黃色
的毛狀鱗片

總狀花序，
花紫紅色，
花呈下垂狀

- **辨識重點** 本種與同屬的烏子草（見217頁）很像，差別在於烏子草有走莖，而本種無。此外，烏子草的植株跟花朵都比本種大，兩者的葉形也不同；本種花冠下唇較淺，通常是白色或淡紫色。
- **別名** 六腳定經草、白仔菜。
- **喜生環境** 全島低海拔、向陽荒廢地、空曠地。

分布 低海拔、平地	最佳觀察點 二格山	花期 春、夏兩季	花色 紫紅

屬名 野甘草屬	學名 *Scoparia dulcis* L.

野甘草

一年生直立草本，莖具3稜。葉3枚輪生，葉子嘗起來帶點甘甜，長橢圓形，鋸齒緣，上表面無毛，下表面有腺體。花小，花瓣白色，4枚，單一或成對長在葉腋之間。花後結果，蒴果卵球形。全草可當藥用，莖葉曬乾加冰糖煮沸，冰鎮後即成清涼飲品。

蒴果卵球形

花單一或
成對開在葉腋之間

- **辨識重點** 莖直立、多分歧，具3稜。葉長橢圓形，鋸齒緣；葉腋萌發1-2朵小白花。
- **別名** 土甘草、甜珠草、珠仔草、金荔枝、鈕吊金英。
- **喜生環境** 林道邊緣。

葉長橢圓形，鋸齒緣

分布 全島低海拔山區邊緣	最佳觀察點 台大農場	花期 5月-9月	花色 白

屬名 倒地蜈蚣屬	學名 *Torenia concolor* Lindley var. *formosana* Yamazaki

倒地蜈蚣

一年生草本，匍伏莖蜿蜒，加上對生的葉子，像極了一隻蜈蚣爬在地面上，因而得名。不定根極發達，會緊緊貼近地面，可以抵抗強風驟雨，很難將其連根拔起。匍伏莖方形，有4稜，在莖節上可發展出不定根，且多分枝。葉心形，粗鋸齒。幾乎全年開花，花大而明顯，腋生或頂生，藍紫色，與植株本身不成比例。果實形態為蒴果，成熟時褐色，會自動裂開，種子多數。

- **辨識重點** 蔓莖在地面四處匍匐伸展，細莖和葉部中肋微帶紅色，葉著生如百足；開大而明顯的藍紫色花。
- **別名** 釘地蜈蚣、四角銅鐘、蜈蚣草、過路蜈蚣、蜈蚣草。
- **喜生環境** 向陽的斜坡、林緣、林中步道的兩旁等半日照地方。

蔓性

藍紫色的花比葉子還大，因為植株匍匐蔓生的特性及葉子著生的形態，而被聯想成百足蜈蚣。全草在藥用上有消炎解毒、利尿解熱的功效。

唇形花冠有5瓣，呈豔麗的藍紫色

心形葉對生，葉緣有粗鋸齒

分布 海拔2000公尺以下	最佳觀察點 大屯山101甲縣道	花期 全年	花色 藍紫

屬名 婆婆納屬	學名 *Veronica peregrina* L. var. *xalapensis* (H. B. K.) Penn.

毛蟲婆婆納

一年生直立草本，為新近歸化植物，大都生長在北部中低海拔的荒廢地和稻田中，或隨著園藝植物的種植而到處散布，是很容易隨遇而安的一種植物，對環境的要求不嚴苛。葉倒披針形，除了最低部分的葉子外皆無柄，近全緣或上半寬牙齒緣，無毛或偶爾被小腺毛。花白色；蒴果膨脹，先端微凹。

小花通常含而不放，看起來就像葉腋下的小白點

● **辨識重點** 上半部葉互生；蒴果先端微凹，形似仙桃，因此有仙桃草之名。
● **別名** 仙桃草。
● **喜生環境** 開闊草生地。

上半部的葉子互生

分布 北部中低海拔荒野	最佳觀察點 陽明山硫磺谷	花期 3月-6月	花色 白

屬名 腹水草屬	學名 *Veronicastrum simadai* (Masamune) Yamazaki

新竹腹水草　特有種

多年生草本，台灣原生種，分布範圍大都在北部低海拔山區步道兩旁，族群數量並不多，加上步道常會除草，因此族群易受傷害。植株匍匐狀；葉互生，有柄，長橢圓形，鋸齒緣，兩面被毛；新葉背面略呈紅色。穗狀花序腋生，筒狀花冠藍紫色，花瓣4枚；果實為蒴果。

花序頂生，花冠6深裂

● **辨識重點** 腹水草屬植物在台灣有3種，以直株直立或匍匐、葉有柄或無柄，以及花的顏色，就可輕易分辨出來。
● **別名** 腹水草、釣魚竿。
● **喜生環境** 陰濕山谷。

花序呈圓筒狀

分布 北部低海拔山區	最佳觀察點 大屯山區	花期 7月-11月	花色 藍紫

茄科 Solanaceae

多為草本或灌木，只有少數為喬木。葉互生，無托葉。聚繖花序腋生，稀單生花；花通常兩性，花器通常為5的倍數，花瓣合生，前端開裂，雄蕊著生在花冠筒上，與花瓣片互生。果實為蒴果或漿果。本科植物一般含有不同量的生物鹼，對人類具有一定程度的毒性，根據其生物鹼含量的多寡，有些品種可供食用，例如馬鈴薯、番茄、辣椒等，有些品種可作藥用，例如曼陀羅。台灣有10屬。

屬名 燈籠草屬	學名 *Physalis peruviana* L.

祕魯苦蘵

多年生草本，沒有炫爛的花，每年夏天的平野、田邊路旁，經常可以看到全株掛滿小燈籠似的果實，果實外面包著囊袋狀的外套，那是它的宿存花萼。莖味道極苦，沒有食用價值，但成熟果實酸中帶甜，在貧苦的農村時代，是小孩子的休閒食品。全株被疏柔毛，莖上有稜，直立且多分枝。葉互生，寬卵形，邊緣具少數不規則鋸齒。花單生葉腋，具梗，花冠短鐘狀，淺黃色。

- **辨識重點** 本種全株有明顯細毛，植株較高大，葉片可大於一個手掌；相似種毛酸漿（*P. pubescens* L.）的細毛較少，植株也較矮小；至於苦蘵（*P. angulata* L.）則全株光滑無毛。
- **別名** 燈籠草、苦蘵、博仔草、黃金莓。
- **喜生環境** 低海拔山野、荒地、路旁及田邊。

花單生葉腋

花冠淺黃色

漿果球形，藏在五角形的宿存花萼內

葉互生，寬卵形

分布 全島低海拔田野	最佳觀察點 南澳田野	花期 夏季	花色 淡黃白

屬名 茄屬	學名 *Solanum biflorum* Lour.

雙花龍葵

多年生草本，全株被覆短柔毛。葉兩型互生，大型葉橢圓卵形，小型葉長卵形，兩面都被毛。花小巧可愛，單一或成對腋生，花冠呈漏斗狀，白色或淺紫色，中間的花藥黃色。成熟果實紅色，環境愈好，果實愈大，最大甚至可像小番茄一般，光滑剔透的模樣看起來很可口，但沒有食用價值。

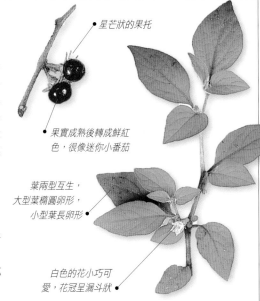

星芒狀的果托

果實成熟後轉成鮮紅色，很像迷你小番茄

葉兩型互生，大型葉橢圓卵形，小型葉長卵形

白色的花小巧可愛，花冠呈漏斗狀

- **辨識重點** 果實有星芒狀的果托，綠色漿果成熟後變紅，十分醒目。
- **別名** 耳鈎草、金吊鈕、紅子仔菜、紅絲線。
- **喜生環境** 闊葉林邊緣或半陰的郊野地帶。

分布 全島中低海拔山區、郊野	最佳觀察點 二格山	花期 春至秋季	花色 白

屬名 茄屬	學名 *Solanum capsicoides* Allioni

刺茄

有刺常綠草本，老莖帶木質，全株除果實以外都具銳刺與軟毛茸。針刺狀，淺黃色。葉成對，卵形，5-7齒裂，表面被毛，背面無毛或葉脈被毛，兩面脈具皮刺。花開在節間，總狀排列，花瓣白色。果可當花材，成熟果實橘紅色，根為解熱、祛痰、利尿藥，但是全株有毒，尤以未熟果的毒性最強。

- **辨識重點** 莖上長有黃綠色針刺，葉脈也有明顯的刺。晚春至秋季，野外可見到橘紅色漿果，尤以夏季為多。
- **別名** 金銀茄、爬山虎、紅水茄、顛茄。
- **喜生環境** 平野及荒地間。

葉成對，兩面葉脈都具皮刺

成熟果實橘紅色

花瓣白色

漿果球形

分布 全島海拔800公尺以下	最佳觀察點 荒地	花期 8月-12月	花色 白

屬名 茄屬	學名 *Solanum diphyllum* L.

瑪瑙珠

多年生常綠小灌木，莖細長直立，約在1910年引進台灣，如今已歸化成鄉土植物。全株無毛，葉一大一小著生於同一節上，全緣，大葉橢圓形至長橢圓形，小葉近圓形至寬橢圓形。總狀花序繖形排列，與葉相對著生，花瓣白色。花後立即結果，漿果幼時綠色，成熟後漸轉成橙黃色。

- **辨識重點** 黃澄澄的圓形漿果，有如加工過的瑪瑙珠一般，非常漂亮，常吸引許多鳥類來啄食。
- **別名** 秋珊瑚、冬珊瑚、黃果龍葵。
- **喜生環境** 郊區開闊地。

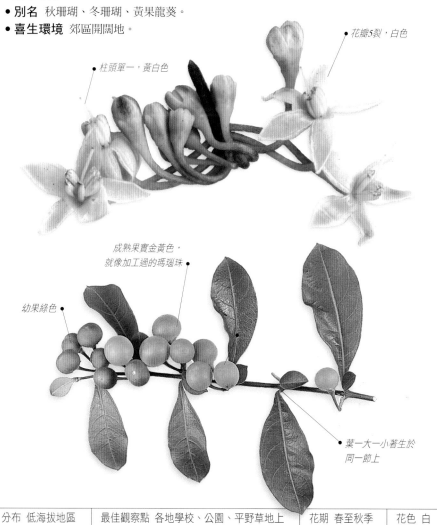

花瓣5裂，白色

柱頭單一，黃白色

成熟果實金黃色，就像加工過的瑪瑙珠

幼果綠色

葉一大一小著生於同一節上

分布 低海拔地區	最佳觀察點 各地學校、公園、平野草地上	花期 春至秋季	花色 白

屬名 茄屬	學名 *Solanum lysimachioides* Wall.

蔓茄

多年生匍匐性草本，經常爬山的人應該都有見過，花潔白而光亮，在幽暗的林下更顯亮眼。葉兩型，大小成對，上下表面疏被短柔毛或光滑；節處通常生根。葉兩形，大小成對花白色、鐘形，單一腋生。果實為漿果，球形，紅色。

- **辨識重點** 植株匍匐，非常容易與其他茄科植物區分。花瓣向下開放，要看到雌、雄蕊，勢必要彎下腰，才能在潔白花瓣中間看到亮黃色的花絲構造。
- **喜生環境** 闊葉林下。

花白色鐘形，中間有一環暗綠色的漸層

亮黃色的花絲

匍匐性草本

蔓茄原屬茄科的紅絲線屬（*Lycianthes*），本屬台灣只有兩種，另外一種是雙花龍葵。

葉兩型，一大一小成對

分布 全島中低海拔山區林下	最佳觀察點 巴福越嶺古道	花期 夏至冬季	花色 白

屬名 茄屬	學名 *Solanum nigrum* L.

龍葵

一年至二年生草本植物，嫩莖葉可煮食，略帶苦味，是非常可口的野菜，果實甘甜也可食用。在藥用上，有增進男子元氣、消熱散血的功效，近些年來，台灣民間還相信龍葵有治癌功效。全株光滑或具微毛，莖稍有稜，為直立性。葉互生，卵形，全緣或波狀齒緣。花白色，花期很長，5-8朵花組成聚繖形花序，腋生，有明顯的黃色花藥。球形漿果未成熟時為綠色，成熟時為黑紫色，可直接食用，但未成熟的果實有毒。

- **辨識重點** 最引人注目的是烏黑剔透的小漿果，味道甘甜解渴。
- **別名** 烏仔菜、苦葵、烏甜仔菜、烏子茄、水茄、天茄子、烏鈕仔菜、牛酸漿。
- **喜生環境** 平原、山地、路邊、園地、屋旁等土地濕潤的地方。

黃色花藥明顯

漿果在未熟時為綠色，
成熟時為黑紫色

0
至
100
公
分

葉互生，卵形

「烏甜仔菜」是本島常見野菜，可炒食或煮粥，紫黑色的果實也很甘甜可口。

分布 中低海拔	最佳觀察點 各地學校、公園、平野草地上	花期 春至秋季	花色 白

屬名 茄屬	學名 *Solanum torvum* Swartz

萬桃花

有刺灌木，幾乎全年都可開花或結果。全株密被黃灰色星狀毛，枝椏間具有稀疏分布的硬刺，刺紅色或淺黃色。單葉互生，卵形或橢圓形，被黃色星狀毛。總狀花序節間著生，萼片被毛，花冠鐘形，花瓣白色，花頗似大型的龍葵。漿果圓形或球形，成熟時紅色或黃色。

- **辨識重點** 白色花著生枝頂或節間，莖枝散生皮刺，果實光亮無毛。
- **別名** 水茄、土煙頭、野茄子、刺茄、青茄、黃天茄。
- **喜生環境** 林緣、荒廢地和路旁。

100
至
120
公
分

本種主要分布於平地至低海拔山區，北部沿海地區的荒地與路旁常可看見。

葉互生，兩面密生星狀毛

全株被星狀毛

漿果球形，初綠熟黃

總狀花序，節間著生

花冠5裂，白色

分布 全島低海拔田野	最佳觀察點 北部沿海地區	花期 全年	花色 白

梧桐科 Sterculiaceae

喬 木、灌木、亞灌木或草本，直立或稀蔓性。單葉互生，少數為掌狀複葉。花腋生，兩性，輻射對稱，常成各式花序。果實多為蒴果或蓇葖果，革質或多肉。莖、葉幼嫩部分常有星狀毛，莖皮富含纖維，可作麻袋、繩索和造紙的原料。本科最著名的代表植物是果實可以製造巧克力的可可樹。

| 屬名 野路葵屬 | 學名 *Melochia corchorifolia* L. |

野路葵

直立、多分枝的亞灌木狀草本，高不及1公尺，全株被稀疏的星狀毛。枝黃褐色，略被星狀短柔毛。葉互生，被柔毛，托葉條形，葉片膜質或薄紙質，葉形變化多端，但一般呈長橢圓狀卵形，邊緣有鋸齒。密繖花序或團繖花序頂生或腋生，花瓣5枚，白色，後變為淡紅色。蒴果圓球形，具5稜。種子卵形，略成三角狀，褐黑色。

- **辨識重點** 蒴果圓球狀，密繖花序或團繖花序頂生或腋生，開白白粉粉的5瓣小花。
- **別名** 燈仔草、馬松子、假絡麻。
- **喜生環境** 平地山野林道旁。

蒴果圓球形

葉互生，被柔毛

粉紅色小花，徑約0.5公分

枝條黃褐色

| 分布 低海拔山區及平地郊野 | 最佳觀察點 各地田野 | 花期 秋季 | 花色 白、淡紅 |

屬名 山芝麻屬	學名 *Helicteres angustifolia* L.

山芝麻

直立性小灌木，芝麻屬植物在台灣僅有這一種，蒴果形狀很像芝麻，因此得名。根味苦，性涼，有解表清熱、消腫解毒的效果，也是製作涼茶的重要原料。全株略被星狀毛；葉大都全緣，長橢圓狀披針形，單葉互生。漏斗形花腋生、有柄，花瓣5枚。蒴果長橢圓形，被星狀軟毛。

- **辨識重點** 開淡紫色花，小蒴果形狀像芝麻。
- **別名** 假芝麻、苦麻、崗脂麻、野芝麻。
- **喜生環境** 向陽的乾旱地。

25
至
50
公
分

自生於台灣全境平野至山麓的路旁、荒地草叢內，有清熱、解毒、消腫等功效，用於治療感冒發熱、頭痛、腸炎、濕疹等症。

單葉互生，狹長橢圓形

葉面平滑無毛，葉背密被灰色星狀毛

聚繖形花序生在葉腋，花紫色

分布 全島低海拔山區	最佳觀察點 台北軍艦岩	花期 4月-8月	花色 淡粉紫

田麻科 Tiliaceae

本科或稱椴樹科，一般為喬木或灌木，也有部分為草本，常具星狀毛或盾狀鱗片。單葉互生，通常為掌狀脈，具托葉。花成聚繖、繖形、圓錐狀花序，萼片及花瓣多4-5數。果實為漿果、核果或蒴果。本科喬木屬樹種大都為優良木材，供建築及製作家具，樹皮及莖皮富含纖維和黏液，其中黃麻屬（*Corchorus*）是重要的經濟纖維作物。

屬名 垂桉草屬	學名 *Triumfetta bartramia* L.

垂桉草

一年生草本或亞灌木，廣布於熱帶地區，通常生長在向陽的田邊、路旁、荒廢地或山坡間，在台灣低海拔地區均可發現。幼嫩部分被星狀毛茸；葉互生，葉形變化大，廣卵狀菱形或橢圓形，邊緣有不規則鋸齒，葉表綠色，葉背灰白，兩面均有毛。聚繖花序頂生或腋生，花黃色；蒴果卵球形，密生短毛和鉤刺。連根拔起後曬乾可當藥材使用，有解毒清血、消炎鎮痛、祛風及降血壓等功效。

- **辨識重點** 葉互生，葉形變化大，葉表綠色，葉背灰白，兩面均有毛，聚繖花序頂生或腋生，花黃色。
- **別名** 菱葉黐頭婆、黃花虱母子、黃花虱母球、黃花蒼耳、黃花母、下山虎、小刺球、地桃花、玉如意。
- **喜生環境** 向陽的全島平野、荒地或路旁。

花細小，黃色

莖、葉、花苞都有細毛

分布 全島海拔800公尺以下	最佳觀察點 向陽的荒地	花期 8月-12月	花色 黃

繖形科 Umbelliferae (Apiaceae)

草本或灌木，莖直立或蔓生。葉互生，明顯分裂或呈羽狀複葉，上半葉柄常具膨大葉鞘。花兩性或雜性，花序為單一或重複的繖形花序，稀圓錐花序。果為分生果，常懸於果柄先端。本科大都為莖部中空的芳香植物，包括很多日常食用的蔬菜和香料，如芹菜、茴香和胡蘿蔔等。

屬名 天胡荽屬	學名 *Hydrocotyle dichondroides* Makino

毛天胡荽

多年生匍匐性草本，大都分布在台灣北部，生長在岩石及牆壁較潮濕的地方。葉圓腎形，鈍鋸齒緣，無毛或上面微被毛，葉柄密被白毛。繖形花序4-8朵花，花綠白色；離果扁球形。

- **辨識重點** 天胡荽屬種類在台灣約有7種，都長得很像，一般較常見的是天胡荽（*H. sibthorpioides* Lam）與台灣天胡荽（*H. formosana* Masamune）兩種。台灣天胡荽的葉緣深裂至少超過葉片2/3長度，比起其他的種類要深一些，天胡荽跟毛天胡荽的葉緣淺裂，通常不超過葉片的1/3。
- **喜生環境** 開闊地半日照的地方。

花綠白色

葉緣淺裂，通常不超過葉片的1/3

5公分

植株全身都有毛

節處生根

花綠白色，有時會帶點紫紅。繖形科植物大都為單繖形或複繖形花序，天胡荽屬是少數呈近頭狀繖形花序的一群。

分布 中低海拔森林邊緣	最佳觀察點 台北石碇二格山	花期 春、夏季	花色 綠白

屬名 水芹菜屬	學名 *Oenanthe javanica* (Blume) DC.

水芹菜

多年生草本，全株充滿清新香味，摘一小片葉揉一揉就可聞到清香。全株光滑無毛，莖中空、有稜，基部呈匍匐狀。基生葉三角形或三角狀卵形，一至三回羽狀分裂，邊緣有不整齊鋸齒，葉柄長5-7公分，基部呈鞘狀。繖形細碎的白花，常成片生長。

- **辨識重點** 羽狀複葉；複繖形花序像一團團小白球，5枚白色花瓣末端向內捲曲。
- **別名** 野芹菜、水蘄、細本山芹菜。
- **喜生環境** 溝邊陰濕地。

40公分

選擇幼苗或未開花植株的嫩頂莖葉炒肉絲或煮湯，味道可口，可用以治高血壓或解熱。

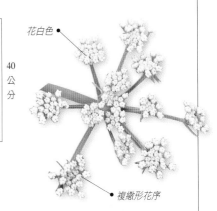

花白色

複繖形花序

分布 全島中低海拔溝道、水田及濕地	最佳觀察點 大屯山101甲縣道	花期 春、夏兩季	花色 白

屬名 山芹菜屬	學名 *Sanicula petagnioides* Hayata

五葉山芹菜 　特有種

多年生草本，台灣特有種。莖不明顯或幾乎無，葉柄叢生；根生葉具長柄，葉柄基部鞘狀。葉為掌狀五出葉，小葉菱狀卵形，常3裂。花莖自葉叢中抽出，上著生數個紅粉白色的花序，最小單位的繖形花序6-8朵花。

- **辨識重點** 山芹菜屬在台灣有兩種，分辨方式以三出葉或五出葉來判斷，兩者的分布海拔也不同，本種分布海拔通常較高。
- **別名** 台灣變豆菜、肺經草。
- **喜生環境** 林緣、草原及開闊坡地。

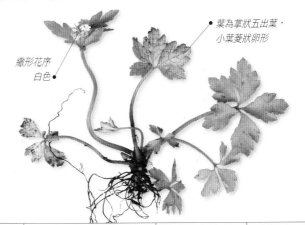

葉為掌狀五出葉，小葉菱狀卵形

繖形花序白色

分布 全島中高海拔山區	最佳觀察點 武陵農場	花期 6月-7月	花色 白

| 屬名 前胡屬 | 學名 *Peucedanum japonicum* Thunb. |

日本前胡

多年生大草本，分布在東北季風盛行的台灣北部、東南部、蘭嶼和綠島等地，屬於不連續分布，數量相當稀少。春、夏兩季是開花結果的季節，開花時常會看到金龜子等昆蟲在上面吃花蜜及授粉。結完果後，地上部分隨即枯死，翌年再由地下留存的根莖萌發新植株。植株光滑，根、莖都很粗；葉具長柄，基部呈鞘狀，色青綠帶點粉白，二至三回羽狀複葉，小葉倒卵形，先端多三裂。複繖形花序，花白色；果長橢圓狀，有細毛，果背有細絲狀的稜。

- **辨識重點** 羽狀複葉，葉子的前端多呈3裂；複繖形花序，花白色；粗厚的地下根長得像人參。
- **別名** 防葵、防風、食用防風。
- **喜生環境** 海濱。

花未全開時，好像許多白色的小星星圍成一個圓圈，花完全盛開時，很像花椰菜

複繖形花序●

離果長橢圓狀，有細毛，果背有細絲狀的稜

羽狀複葉，具長柄●

60 至 90 公分

秋天時地面上的葉子會漸漸枯萎，地下莖到來年春天才會再長出新芽。

| 分布 北部海岸的金山、野柳、基隆及蘭嶼、綠島 | 最佳觀察點 基隆八斗子漁港附近海邊 | 花期 春、夏兩季 | 花色 白 |

蕁麻科 Urticaceae

草本、灌木或喬木，雌雄同株、異株或稀為雜性花；有些具有刺毛，含有某些酸性物質，碰觸容易引發過敏或皮膚癢痛。單葉常兩側不對稱，葉面和枝幹上有點狀或長形淺色斑紋。花序常呈聚繖狀團繖花序或密生於葉腋的聚繖花序；果實為堅果、瘦果或核果。

屬名 苧麻屬	學名 *Boehmeria densiflora* Hook. & Arn.

密花苧麻

灌木至小喬木，多數為灌木狀，環境好時可以長成高達3公尺的小喬木。新小分枝往往被覆平鋪的細毛，成長後的枝條多呈無毛狀。葉對生，卵狀披針形至披針形，細鋸齒緣，三出葉脈非常明顯，上表面布滿平鋪的剛毛，下表面則主要是沿著葉脈部分被毛。穗狀花序腋生。

- **辨識重點** 一節一節毛毛蟲狀的穗狀花序是本種最大特徵；葉柄及莖幹幾乎都是紅色。
- **別名** 木苧麻、山水柳、粗糠殼、蝦公鬚、紅水柳、水柳黃。
- **喜生環境** 溪岸、河床、岩壁、陰濕及荒廢地。

葉對生，三出
葉脈非常明顯

花紅褐色

毛毛蟲狀的
穗狀花序

葉柄
紅色

莖幹方形

分布 中低海拔森林邊緣	最佳觀察點 烏來山區	花期 夏季	花色 紅褐

屬名 苧麻屬	學名 *Boehmeria nivea* (L.) Gaudich. var. *tenacissima* (Gaudich.) Miq.

青苧麻

直立或攀緣性灌木，莖部的韌皮纖維是先民用來製作繩索及製紙的來源之一，到現在仍是許多落後國家重要的麻布原料，也是做草仔粿的配料。莖密生茸毛及粗毛；葉卵形、互生，下表面有不明顯至極明顯的白色毛茸。圓錐花序腋生，花朵小而多，淡綠白色的花夾雜在葉片當中並不起眼；瘦果扁橢圓形。

80 至 150 公分

本種可製繩索或織麻布，葉子還可外敷，用於治療刀傷出血、蟲蛇咬傷等。

- **辨識重點** 本種與和其他分布在台灣的苧麻屬植物，有一個最易辨識的區分特徵，那就是「葉序」：青苧麻的葉子互生，其他種類都是對生。
- **別名** 苧仔、山苧麻、真麻、青葉苧麻。
- **喜生環境** 台階或山壁的石縫裡半遮陰之處。

每片葉子都有明顯的尾尖

葉互生，不同於其他苧麻屬植物

圓錐花序腋生，花淡綠白色

莖與葉柄密被短伏毛

葉背有白色毛茸

分布 全島中低海拔	最佳觀察點 紗帽山	花期 夏、秋兩季	花色 淡綠白

屬名 石薯屬	學名 *Gonostegia hirta* (Bl.) Miq.

糯米團

匍匐狀亞灌木或多年生草本，折傷會流出白色乳汁。根紡錐形，肉質，黃白色；莖匍匐或斜上，上部著生短毛。葉對生，紙質，倒卵形至披針形，先端銳尖至漸尖，基部圓至心形，葉柄極短或幾乎無柄。全株有毛，黏黏的，節很明顯。雌雄同株異花，都為腋生，且是密集成簇的聚繖花序。卵形瘦果極小，約長1.5公釐，暗綠色或黑色，有光澤，有10條細縱肋。

葉對生，全緣，
表面散生柔毛

葉背的葉脈
上有柔毛

花簇生於葉腋，
小花淡黃色

- **辨識重點** 匍匐狀亞灌木或多年生草本，葉十字對生，表面有白色腺體；一團團黃白花貌似蒸熟的糯米。
- **別名** 糯米草、奶葉藤、豬粥菜、蚌巢草、飯藤子、蔓苧麻。
- **喜生環境** 全島中低海拔陰濕地。

分布 中、低海拔及平地	最佳觀察點 普遍分布	花期 初夏到深秋	花色 淡黃

屬名 冷水麻屬	學名 *Pilea aquarum* Dunn subsp. *brevicornuta* (Hayata) C. J. Chen

短角冷水麻

多年生草本，一年到頭幾乎都欣欣向榮，常在陰濕的水溝旁成群生長，肉肉的莖紅褐色，花也是紅褐色，看起來倒有幾分像是多肉植物。基部匍匐狀，嫩莖具細柔毛。單葉對生，卵狀披針形，葉尖漸尖頭，鈍齒狀鋸齒緣。雄花通常淡褐紅色或深紅色。

- **辨識重點** 葉十字對生，3條主脈的分歧點靠葉子基部很近（所謂的基出三脈）；雄花常淡褐色或深紅色。
- **喜生環境** 陰濕的山溝邊。

10
至
25
公
分

產於全島低至中海拔地區，潮濕的水溝旁或水田邊大概都可發現。

團繖花序腋生，
花紅褐色

葉十字對生

分布 中低海拔陰濕地區	最佳觀察點 大屯山	花期 春、夏兩季	花色 紅褐

屬名 冷水麻屬	學名 *Pilea microphylla* (L.) Liebm.

小葉冷水麻

一年生草本，沿著牆角、石壁或水溝旁，無論是遮蔭晦暗或豔陽高照的潮濕角落，到處都可生長。根很淺，只需要一點點土壤便能生長，儘管開花結果不起眼，但事實上花多得像是潑灑在莖葉間的胡椒粉末。莖多分枝，多汁而柔軟，高度在10公分以下。同對的葉不等大，肉質，窄倒卵形至倒卵狀長橢圓形，先端銳尖至鈍尖，全緣，基部楔形，羽狀脈不清晰。

- **辨識重點** 托葉在葉柄的內側，有大小兩型葉子，對生的葉大小不同。
- **別名** 透明草、小葉冷水花、水澤草、壁珠、細葉冷水麻。
- **喜生環境** 陰濕的牆角。

有大小兩型葉子，葉片很小

10至20公分

多數小花集合成頭狀的聚繖花序

花簇生於葉腋，綠白色而帶有紅暈

植株生來一副苔蘚模樣，老是喜歡俯臥在人類四周的環境。

分布 普遍歸化於全島低至中海拔地區	最佳觀察點 各地田野	花期 四季	花色 綠

屬名 冷水麻屬	學名 *Pilea peploides* (Gaudich.) Hook. & Arn. var. *major* Wedd.

齒葉矮冷水麻

一年生纖弱直立草本，全株光滑無毛，通常從基部分枝，株形呈叢生狀。葉對生，膜質，多汁，三出脈，倒卵形，全緣或波狀緣，先端細齒狀。幾乎全年開花，小花成簇密生於葉腋，雌雄花混生，均為綠白色。

綠色小花
著生於葉腋

上下層的葉片
排成十字形

圓形的直立莖

- **辨識重點** 全株光滑無毛，植株矮小，約10公分高。同對的葉子大小差不多，葉緣有小鋸齒；上下層的葉片排成很特別的十字。
- **別名** 冷水花、水麻兒。
- **喜生環境** 叢生在牆角、石階、水溝等陰暗潮濕的地方。

分布 低海拔山區及平地郊野	最佳觀察點 石碇深坑山區林緣	花期 四季	花色 綠

屬名 冷水麻屬	學名 *Pilea plataniflora* C. H. Wright

西南冷水麻

多年生草本。冷水麻屬植物在台灣約有14種，一般在都市住家附近較常見的有小葉冷水麻跟齒葉矮冷水麻，本種則是要到山區才容易看到。葉肉質，橢圓形或披針形，表面具厚角質層，所以會有一層臘的感覺，同對的葉常不等大，全緣。花序呈開展的圓錐狀，通常較葉柄長。

葉對生，這是冷水麻
屬植物的共同特徵

葉面有一層厚角質
層，像上過蠟一樣

圓錐狀花序呈開展狀

- **辨識重點** 莖有特殊香味；葉片是所有冷水麻屬植物中最厚的，表面具厚角質層。
- **喜生環境** 半日照的草生山壁。

分布 全島低至中海拔地區	最佳觀察點 觀霧	花期 夏、秋兩季	花色 綠白

屬名 霧水葛屬	學名 *Pouzolzia elegans* Wedd.

水雞油

小灌木，產在全島平野、溪岸或砂礫地的向陽處，甚至在中海拔山區也有生長。樹皮紅褐色，小枝長而叢生，多水平伸展，並被覆有貼伏且粗糙的灰白色長毛。葉粗糙，倒卵形，兩面也具貼伏毛，鋸齒緣；葉脈在上表面凹下，在下表面凸起，葉脈上布有小剛毛及白色小點；葉柄有縱溝，同樣密生貼伏毛。花序簇生葉腋，無柄；翅果扁倒卵形，成熟後可食。

- **辨識重點** 小枝細長，小枝、葉柄、葉面都具灰白毛，葉揉後有黏液。
- **別名** 番仔消膏、濁黏、濟把燕、雅致霧水葛、台灣榆。
- **喜生環境** 平野、溪岸或砂礫地向陽處。

葉表面臘質發達，可阻隔強光

花序簇生於葉腋

葉互生，葉緣有鋸齒

莖紅褐色，有白色柔毛

分布 全島低海拔森林外緣	最佳觀察點 蘇澳河谷	花期 夏季	花色 白紅

屬名 霧水葛屬	學名 *Pouzolzia zeylanica* (L.) Benn.

霧水葛

多年生草本，分枝多，枝條展開，淡紅褐色，密被細毛。葉兩面具密柔毛，下部葉通常對生，上部互生且漸變小，基部圓而頂端尖，全緣，基部三出脈，葉柄短。一般莖較纖細而呈褐色，約高30-60公分。夏季開淺綠色或紫色的粒狀單性小花，腋生，密集成束，無花瓣，只有萼片4枚。

- **辨識重點** 枝條淡紅褐色，小枝、葉面都有密毛，葉全緣。
- **別名** 石薯仔、全緣葉水雞油。
- **喜生環境** 全島低地都有其蹤影。

葉上下兩面都有密柔毛

花序簇生葉腋，無柄

枝條淡紅褐色，密被細毛

分布 低海拔、平地	最佳觀察點 台大農場	花期 5月-11月	花色 淺綠

屬名 蕁麻屬	學名 *Urtica thunbergiana* Sieb. & Zucc.

咬人貓

多年生草本，長相猙獰，是名副其實的有毒植物，植物體全身布滿透明刺針狀的嫩毛，一旦碰觸皮膚，嫩毛上的蟻酸會讓人產生灼熱的疼痛感，和遭蜂螫沒兩樣，往往要數小時或一兩天，疼痛感才會逐漸消失。莖直立；葉卵形，兩面具刺毛及密柔毛，先端銳尖，重鋸齒緣，基部心形。花序單性，雌雄同株，雄花生於較下部的莖上，淡綠色的雌花生於較上部。

70至120公分

本種雖然有毒，但新鮮葉片搗汁可敷治毒蛇咬傷，嫩葉煮熟後亦可食用，所以也是很有用的野外求生植物。

- **辨識重點** 直立莖上面有縱溝有嫩毛；葉對生，有3或5條明顯主脈，葉面長滿透明的嫩毛。
- **別名** 蕁麻、刺草。
- **喜生環境** 潮濕的森林下。

綠色的葇荑花序

葉對生，有3或5條明顯主脈

葉面長滿透明的嫩毛

分布 全島低至中海拔山區	最佳觀察點 溪頭	花期 4月-8月	花色 綠

敗醬科 Valerianaceae

一年或多年生草本，稀灌木，莖常中空。葉基生或莖生，對生，無托葉，全緣或羽狀裂，基部常成鞘狀。聚繖花序，具苞片；花兩性，偶單性或雜性；花冠管狀，上緣5裂，基部有距，內有蜜汁。果為瘦果，與苞片合生而呈翅果狀，借風力或動物傳播。本科植物大都生於山坡草地及路旁，常具腐臭味。台灣有2屬：敗醬屬和纈草屬（Valeriana）。

屬名 敗醬屬	學名 *Patrinia formosana* Kitamura

台灣敗醬

多年生大型草本，開花時特別明顯，經常出現在步道旁，因為根部有股莫名惡臭而得名。莖直立，高可及人，基部木質化，密被倒生毛。單葉對生，鋸齒緣，兩面都有毛，下方者闊卵形，上方者橢圓形。冬季低溫期開花，白花很小，但排列成壯觀的複繖房狀花序，花冠黃綠色。

- **辨識重點** 根部有股惡臭味，莖密被白色倒生粗毛。
- **別名** 白花敗醬、敗醬草、馬草。
- **喜生環境** 半日照路旁。

中部及北部低至中海拔地區的步道兩旁常可發現，雖然冠以台灣之名，卻不是特有種。

約150公分

花白色，花冠黃綠色 ●

多數小花排成複繖房狀花序 ●

莖生葉對生，卵形或長卵形 ●

分布 中部及北部低至中海拔山區	最佳觀察點 石碇山區	花期 冬季	花色 白至淡黃

馬鞭草科 Verbenaceae

大部分為木本，也有草本、灌木或喬木，嫩枝常呈四方形。葉對生，稀輪生，無托葉。花兩性，花冠合瓣呈鐘狀、杯狀或筒狀，也有二唇形；花萼宿存，結果時增大而呈現鮮豔色彩；花冠4-5裂。果為核果或蒴果。柚木屬（*Tectona*）和石梓屬（*Gmelina*）有些種類木材光澤美麗，是貴重的木材用樹。

屬名 蕕屬	學名 *Caryopteris incana* (Thunb. *ex* Houtt.) Miq.

灰葉蕕

草本，全株密被毛，莖呈四角柱狀；葉長橢圓形，單葉對生，葉緣粗鋸齒。聚繖花序呈繖房狀，腋生，花冠淡藍紫色，5裂。果倒卵球形，被粗毛。本種莖葉可入藥，用以治療肝炎。

- **辨識重點** 蕕屬植物台灣只有這一種，初看時很像唇形科植物，但本種花冠略二唇形，下方裂片較大，不是唇形花。
- **別名** 藍花草、蘭香草。
- **喜生環境** 平野向陽處。

蒴果倒卵球形，被粗毛

台灣只有這種蕕屬植物，生長在向陽處。

50至100公分

聚繖花序呈繖房狀，腋生

花冠淡藍紫色，5裂，兩面被毛

葉對生，粗鋸齒緣

分布 全島低海拔路旁或荒廢地	最佳觀察點 丹大林道	花期 夏季	花色 淡藍紫

屬名 海州常山屬	學名 *Clerodendrum inerme* (L.) Gaertn.

苦林盤

蔓性灌木，全島沿海地區都可以見到，為常見的紅樹林伴生植物，耐旱、耐鹽又耐水，枝條柔軟，容易塑形，因而在盆景界占一席之地。莖為四角柱狀，為本科植物常有的特徵，小枝被毛。葉革質，十字對生，橢圓形。聚繖花序通常具3朵花，花序頂生或腋生；果倒卵形。

- **辨識重點** 除老枝外，全株覆柔毛。細長的白色筒狀花在頂端處裂成5瓣，紅紫色的長花絲伸出花筒之外。
- **別名** 苦藍盤、白花苦林盤。
- **喜生環境** 海濱及低漥地。

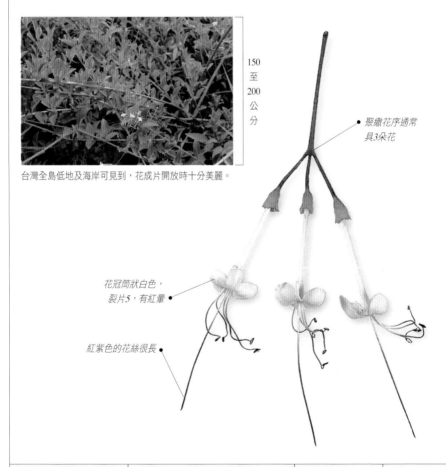

台灣全島低地及海岸可見到，花成片開放時十分美麗。

150 至 200 公分

聚繖花序通常具3朵花

花冠筒狀白色，裂片5，有紅暈

紅紫色的花絲很長

分布 全島海邊	最佳觀察點 關渡自然公園	花期 夏季	花色 白

| 屬名 海州常山屬 | 學名 *Clerodendrum paniculatum* L. |

龍船花

小灌木，因為在大陸是端午節划龍船的時節才開花而得名，也別稱「五月花」。種子在果實成熟後掉落，便在附近發芽，因此常成群生長。小枝四稜形，節間膨大，節上具長毛。葉柄很長，葉子十字對生，闊卵形或近心形，全緣或3-5角狀淺裂，有點草腥味。圓錐狀花序頂生，紅或橘紅色，偶白色，雄蕊4枚，約為花冠筒的兩倍長，這種特長的雄蕊在其他花朵很少見。

- **辨識重點** 葉子有長柄，3-5淺裂；開紅色花，特長的4枚雄蕊伸出花外；核果近乎球形，成熟後墨綠色。
- **別名** 五月花、癲婆花、瘋婆子花、狀元花。
- **喜生環境** 半日照的地方。

80至150公分

台灣原生植物，還有開白花的變種，但因具珍貴療效而遭濫採，野外常見的幾乎都是紅花種。

球形核果，成熟後墨綠色，徑約0.7公分

特長的4枚雄蕊伸出花外

花色深紅豔麗

大型的闊卵形葉子，3-5淺裂

圓錐狀花序頂生

屬名 金露花屬	學名 *Duranta repens* L.

金露花

常綠灌木，原產於南美洲。成熟的鮮黃色果實成串垂掛，圓潤晶瑩，非常漂亮，是觀花、觀果皆宜的植物，常被種植為庭園綠籬。果實有毒，誤食會造成腹痛、昏睡、發燒等症狀。小枝方形，柔軟而下垂，幼嫩部分有毛。單葉對生，呈長倒卵形，葉柄短。總狀花序常呈下垂狀，花紫白色、5瓣，四季常開花。核果球形，成熟時橘黃色。

- **辨識重點** 紫白色的下垂花序及黃澄澄的果實。
- **別名** 小本苦林盤、台灣連翹、苦林盤、金露華。
- **喜生環境** 庭園或郊野高溫多濕的地方。

150
至
200
公
分

金露花的名字是因為美麗成串的金黃色果實而來的，在台灣鄉下常栽種成綠籬。

葉全緣或有鋸齒，葉脈具有銳刺

總狀花序呈下垂狀，花紫白色

成熟的橘黃色核果成串垂掛

分布 全島各地低海拔地區	最佳觀察點 各地校園、公園	花期 4月-10月	花色 紫 白

屬名 木馬鞭屬	學名 *Stachytarpheta jamaicensis* (L.) Vahl

長穗木

亞灌木，花穗又長又細，正如其名；奇怪的是，長花序上的藍紫色小花絕對不會同時開放，反而是稀稀落落地一次開兩三朵，雖然不夠好看，奇怪的開花習性反而讓人容易記得。莖方形，無毛或略被毛。葉卵形、長橢圓形或橢圓形，近無毛或脈上被短硬毛，葉緣具粗鋸齒。果埋於花軸內。

長長的穗狀花序一次只開幾朵花

花藍紫色

葉卵形、長橢圓

- **辨識重點** 葉脈明顯，摸起來有粗糙的感覺，葉子還有一股略微的刺鼻味。花藍紫色，穗狀花序呈長鞭形。
- **別名** 木馬鞭、假馬鞭、假敗醬、馬鞭草。
- **喜生環境** 林緣、步道兩旁等半日照的地方。

分布 全島低海拔山區	最佳觀察點 步道旁	花期 春季	花色 藍紫

屬名 牡荊屬	學名 *Vitex negundo* L.

黃荊

半落葉性小灌木，舊時經常種在住家旁當邊界樹，開花時，少婦常摘花插在髮上，因此以前的人叫自己的老婆「拙荊」。枝條堅韌不易斷裂，中國古代取其枝條供刑杖用。小枝方形，全枝幼嫩部被白色茸毛。葉對生，掌狀複葉，小葉5枚，葉子搓揉後會散發出薑的味道，故名「埔姜」。花為淡紫色，花冠唇形；核果倒卵形，熟時黑色。

小花淡紫色

圓錐花序頂生

葉對生，掌狀複葉

- **辨識重點** 掌狀複葉，葉背密生白色茸毛，搓揉時有薑的特殊辛辣味道。花為淡紫色，花冠唇形。
- **別名** 埔姜、牡荊、不驚茶。
- **喜生環境** 海濱開闊地。

分布 全島海濱	最佳觀察點 八卦山區	花期 夏、秋兩季	花色 淡紫

菫菜科 Violaceae

在台灣的種類都是草本。單葉互生，葉柄長。花單生於葉腋，兩性，左右對稱，萼片5枚；花瓣5枚，底部中央者常較大且延伸成距。果實為3瓣開裂的蒴果。本科具經濟價值的主要是菫菜屬，如三色菫，普遍栽培供觀賞。

屬名 菫菜屬	學名 *Viola arcuata* Blume

如意草

多年生草本，具多分枝的匍匐走莖，常成群出現，開花時就像一隻隻展翅的小蝴蝶。地下莖直立或斜上；葉卵形，先端鈍形，基部闊心形，圓齒緣，兩面光滑或略被毛。花白至灰紫色，帶暗脈紋，花瓣長橢圓至倒披針形，先端凹；果長橢圓形。

- **辨識重點** 本種喜歡生長在水邊，葉卵形，有走莖且葉柄無翼；花瓣帶暗脈紋，先端凹，花徑小於1.5公分。
- **別名** 匍菫菜。
- **喜生環境** 森林邊緣草生地。

唇瓣具有明顯的深紫色條紋

葉卵形，圓齒緣

10 至 20 公分

以匍匐方式生長繁殖，是陽明山大屯山區春夏之際的地被主角之一。

分布 中部、北部的中低海拔地區	最佳觀察點 大屯山區	花期 3月-8月	花色 白至灰紫

屬名 菫菜屬	學名 *Viola betonicifolia* J. E. Smith

箭葉菫菜

多年生草本，葉柄及花梗都很長。全株光滑無毛，偶有細柔毛，沒有地上直立莖。葉具長柄，從根部生出，葉片戟狀箭形，邊緣有鈍鋸齒。花紫色、有白紋，花瓣上有距，花柱向上膨大。果實為蒴果，呈三稜狀橢圓形。

- **辨識重點** 無地上莖，葉片戟狀箭形。本種與紫花地丁（*V. mandshurica* W. Becker）很像，差別在於本種花瓣片緊密重疊，而紫花地丁的花瓣片稍長且鬆散。
- **別名** 戟葉紫花地丁、箭葉紫花地丁、甕菜黃。
- **喜生環境** 開闊地半日照的地方。

- 花冠紫色
- 花瓣上有距
- 葉片戟狀箭形，有鈍鋸齒
- 葉柄及花梗都很長
- 主根粗大，莖短縮而不明顯

15公分

春天時，常在林道或林道邊緣開著一叢一叢散落的紫花，為黑端豹斑蝶幼蟲的食草。

分布 全島平野及低海拔山區	最佳觀察點 二格山林道	花期 春至夏季	花色 紫

| 屬名 菫菜屬 | 學名 *Viola confusa* Champ. *ex* Benth. |

短毛菫菜

多年生草本，分布範圍很廣，從海邊到
中海拔山區都可看到，對生長環境要求
不高，適應性強。無地上莖；葉互生，
紙質，長卵形，先端鈍或圓，基部心
形，圓鋸齒緣，兩面光滑或被毛。花紫
色或紫紅色，花瓣上有距。

5
至
10
公
分

- **辨識重點** 無地上莖，花後的距細
  長，約4-7公釐，側瓣基部無毛。
- **別名** 菲律賓菫菜。
- **喜生環境** 路邊開闊草生地。

適應性強，在全球廣泛分布，從日本經中國大
陸、台灣到菲律賓都可見。

花梗比葉子還長，
花紫色

根生葉叢生

葉三角狀卵形

根粗大，無地上莖

| 分布 全島低海拔地區 | 最佳觀察點 陽明山 | 花期 3月-8月 | 花色 紫 |

屬名 堇菜屬	學名 *Viola diffusa* Ging.

茶匙黃

草本；在全島低海拔地區，本種算是較常見的堇菜科植物，可用走莖繁殖，常形成大片族群聚生。具匍匐枝；密生蓮座狀葉，葉卵形，圓齒緣，基部淺心形，兩面被直毛或近光滑，葉柄長1-7公分。花淡粉紫色，萼片披針形，花瓣倒卵形；果橢圓形。

- **辨識重點** 具走莖，葉柄有翼，葉片形狀像湯匙；花小於1.5公分，中間花瓣最短，先端銳尖。
- **別名** 匍堇菜、茶匙。
- **喜生環境** 向陽荒廢地、空曠地。

花梗長

花粉紫色，
花心帶鮮黃色

卵形葉圓齒緣，
連結葉柄像一根湯匙

蓮座狀葉密生

分布 中低海拔平野	最佳觀察點 二格山	花期 春季	花色 淡粉紫

屬名 堇菜屬	學名 *Viola grypoceras* A. Gray

紫花堇菜

一年生草本，分布在低至中海拔，地上莖較長，約15公分。葉心狀卵形，先端鈍，基部心形，圓齒緣，葉柄長；托葉披針形，具剪裂狀緣毛，這是辨認的一大特徵。花淡紫色，花瓣倒卵形，唇瓣具明顯深紫色條紋；蒴果橢圓形。

- **辨識重點** 托葉具剪裂狀緣毛。在台灣堇菜屬植物共有17種，分布從低海拔到中高海拔都有，區分方式以植物體莖的有無或具有走莖、花瓣距的長短及花色來區分。
- **喜生環境** 森林邊緣半日照環境。

花淡紫色，
倒卵形的花瓣5枚

葉心狀卵形，
葉柄長1-10公分

地上莖長
約15公分

托葉具剪裂狀緣毛

分布 中部、北部的低中海拔地區	最佳觀察點 大屯山	花期 3月-5月	花色 淡紫

葡萄科 Vitaceae

藤 本或草本，多為攀援植物，具卷鬚。單葉或複葉，互生或於下部對生。花細小，單性或兩性，常黃綠色，呈聚繖、繖形狀圓錐或總狀花序，腋生或於節上與葉對生；萼片、花瓣及雄蕊皆4或5數。果實為漿果。代表植物如葡萄，是重要的水果和釀酒原料。

屬名 山葡萄屬	學名 *Ampelopsis brevipedunculata* (Maxim.) Traut.

山葡萄

多年生攀緣性藤本，全島低海拔山區至海岸隨處可見。葉心形，互生，葉面具有柔和光澤，葉背有鏽色茸毛；卷鬚二分叉狀和葉呈對生。花序從葉對側長出來，花朵既小又不醒目。漿果剛開始是綠白帶點紅紫色，成熟時轉成碧藍色，成熟果實有毒，不能吃。

- **辨識重點** 一葉二卷鬚，葉形像葡萄；漿果綠白色轉碧藍色，密被斑點。
- **別名** 葡萄、假葡萄、冷飯藤。
- **喜生環境** 生於山坡灌木叢中或住家牆垣籬笆上。

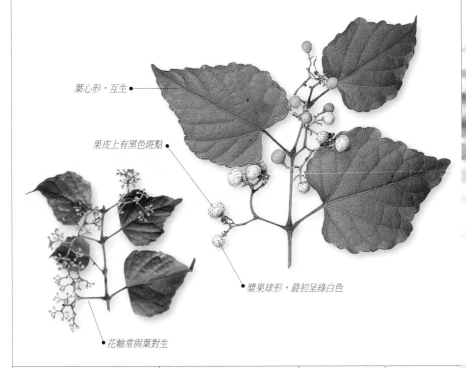

葉心形，互生

果皮上有黑色斑點

漿果球形，最初呈綠白色

花軸常與葉對生

分布 全島低海拔平地或山野	最佳觀察點 台大校園農場	花期 春末夏初	花色 淡黃綠

蒺藜科 Zygophyllaceae

草本、灌木或小喬木；莖在節的部分常膨大；羽狀複葉或雙小葉的複葉，對生或螺旋排列；托葉常宿存，且常常變成刺狀。花通常兩性且整齊，多為5的倍數。果實多為蒴果或離果，蒴果開裂常有刺，稀為核果或漿果。大都生長在乾燥地區，是重要的防風固砂植物，有些品種的種子可榨取工業用油或提取染料。在台灣僅有兩種，且多生長在澎湖及台灣中南部砂地。

屬名 蒺藜屬	學名 *Tribulus taiwanense* T. C. Huang et T. H. Hsieh

台灣蒺藜 　特有種

一年或二年生草本，台灣特有種。莖從基部分枝，蔓性或斜上生長，長可達1公尺，在節處膨大，全株具粗毛。偶數羽狀複葉對生，小葉4-8對，被貼伏銀色柔毛。花黃色，單生葉腋，白天開放，下午閉合。果實5稜，具多數堅硬的芒刺，成熟後開裂，但果皮仍然包著種子不分離，稱為離果，常常依附在動物身上傳播，或靠著海水漂浮而遠播。

- **辨識重點** 偶數羽狀複葉對生，小葉長橢圓形，先端鈍至圓；花黃色，5瓣；果實具刺。本種與蒺藜（*T. terrestris*）的差別在於花大、小葉先端鈍；而蒺藜是花小、小葉先端細尖。
- **別名** 三腳丁、三腳虎、止行、旁通。
- **喜生環境** 開闊草原。

花黃色，
5枚花瓣放射對稱

果實5稜，
具有多數芒刺

偶數羽狀複葉對生

單朵花腋生於短的
羽狀複葉一側

分布 澎湖及台灣中部以南到東部台東	最佳觀察點 國立台南大學	花期 4月-10月	花色 黃

中文索引

學名索引